Hafsat Saleh Dutsenwai
Abubakar Mijinyawa

Uma nova técnica de fusão baseada no mapeamento da extensão das cheias

Hafsat Saleh Dutsenwai
Abubakar Mijinyawa

Uma nova técnica de fusão baseada no mapeamento da extensão das cheias

ScienciaScripts

Imprint

Any brand names and product names mentioned in this book are subject to trademark, brand or patent protection and are trademarks or registered trademarks of their respective holders. The use of brand names, product names, common names, trade names, product descriptions etc. even without a particular marking in this work is in no way to be construed to mean that such names may be regarded as unrestricted in respect of trademark and brand protection legislation and could thus be used by anyone.

Cover image: www.ingimage.com

This book is a translation from the original published under ISBN 978-3-659-80583-7.

Publisher:
Sciencia Scripts
is a trademark of
Dodo Books Indian Ocean Ltd. and OmniScriptum S.R.L publishing group

120 High Road, East Finchley, London, N2 9ED, United Kingdom
Str. Armeneasca 28/1, office 1, Chisinau MD-2012, Republic of Moldova, Europe
Printed at: see last page
ISBN: 978-620-8-07670-2

Declaração

Declaramos que este livro, intitulado *"A Novel Based Fusion Technique for Flood Extent Mapping"*, é o resultado da nossa própria investigação, exceto nos casos citados nas referências.

HafsatSalehDutsenwai

Abubakar Mijunyawa

Dedicação

2

Para toda a nossa família

ÍNDICE

RECONHECIMENTO

Todos os louvores são devidos ao Todo-Poderoso, o mais benéfico e o mais misericordioso, por nos ter feito passar por este trabalho de investigação.

Estamos em dívida para com a supervisão do Prof. Dr. Baharin bin Ahmad e do Prof. Dr. Khamaruzaman Bin Wan Yusof pelo seu enorme apoio e orientação. Gostaríamos também de agradecer a ajuda da Agência Malaia de Deteção Remota pelos dados utilizados neste estudo.

Não há palavras que possam exprimir o quanto estamos gratos aos nossos pais e, por último, gostaríamos de expressar o nosso mais profundo apreço aos nossos filhos Hassan, Saleh e Muhammad pela sua resistência.

RESUMO

A Malásia é um dos países cuja recorrência de inundações prova que as inundações estão a piorar. A península do norte da Malásia perdeu muitas vidas e propriedades no valor de biliões devido à série de inundações que têm ocorrido durante muitos anos. Muitas estratégias de gestão de catástrofes foram adoptadas pelo governo da Malásia para lidar com estas catástrofes de inundações, mas continua a ser um tópico na agenda anual. Este projeto de investigação teve como objetivo a utilização de técnicas de fusão no mapeamento das extensões de inundação no norte da península da Malásia, a fim de contribuir para a erradicação de desastres de inundação, extraindo mais e melhor informação através da fusão de imagens RadarSat 1 e TerraSAR-X. A análise de componentes principais foi também utilizada e comparada com as técnicas de fusão, que incluem a Hue Saturation and Value (HSV), a Brovey Transformation (BT), a Gram Schmidt (GS) e a Principal Component Spectral Sharpening (PCSS). A melhor componente principal da PCA, ou seja, a PC2, foi classificada e comparada com a classificação das outras técnicas de fusão utilizando a máxima verosimilhança (ML) e a máquina de vectores de apoio (SVM). Os resultados indicaram que a técnica BT tem a maior exatidão global de 70,9615% e um coeficiente kappa de 0,3418. Este método mostrou uma melhoria relativa na classificação da área inundada e não inundada, que foi utilizada para produzir o mapa da extensão da inundação, que foi posteriormente validado com os dados DEM. Os resultados finais deste estudo mostraram que mais informações sobre as áreas afectadas pelas cheias, especialmente as extensões, ficaram mais expostas após a classificação das imagens fundidas.

LISTA DE ABREVIATURAS

ALOS	-	Advance Land Observing Satellite
ASTER	-	Advance Spaceborne Thermal Emission and Reflection Radiometer
BT	-	Brovey Transformation
CRISP	-	Center for Research and Industrial Staff Performance
DEM	-	Digital Elevation Model
DID	-	Department of Irrigation and drainage
ENVI	-	Environment for Visualizing Images
FEMA	-	Federal Emergency Management Agency
GCP	-	Ground Control Points
GIS	-	Geographic Information Sciences
GS	-	Gram Schmidt
HSV	-	Hue Saturation Value
MOMS		Modular Optoelectronic Multispectral Scanner
ML	-	Maximum Likelihood
NASA	-	National Aeronautics and Space Administration
NDMRC	-	National Disaster Management and Relief Committee
NE	-	North East
NNW	-	North Northwest
NSC	-	National Security Council
PALSAR	-	Phased Array type L-band Synthetic Aparture Radar
PCA	-	Principal Component Analysis
PC	-	Principal Component
PCSS	-	Principal Component Spectral Sharpening
RADAR	-	Radio Detection and Ranging
RGB	-	Red Green Blue
RM	-	Ringgit Malaysia
RMSE	-	Root Mean Square Error
RSO	-	Rectified Skew Othomorphic
SAR	-	Synthetic Aperture Radar
SD	-	Standard Deviation

S.E	-	South East
S.POT	-	System Pour l'observation de la Terre
SRTM	-	Shuttle Radar Topography Mission
SVM	-	Support Vector Machine
SW	-	South West
USA	-	United State of America
USD	-	U.S Dollars
USGS	-	United State Geological Survey
USM	-	University Sains Malaysia

CAPÍTULO 1

INTRODUÇÃO

1.0 Descrição geral

Este capítulo descreve o contexto do estudo, resumindo os estudos gerais sobre inundações e destacando os problemas/ lacunas de investigação a preencher. O âmbito desta investigação é definido para atingir os objectivos. A organização desta tese e os contributos da investigação são indicados no final deste capítulo.

1.1 Antecedentes do estudo

As inundações estão entre os riscos naturais mais destrutivos que afectam os seres humanos, os bens e as povoações (Khan et al., 2011; Dano Umar et al., 2011, Dano Umar et al., 2013; Ayobami e Rabi'u 2012). As inundações são um fenómeno natural devastador que afecta e perturba o bem-estar das sociedades, especialmente das pessoas pobres que são vulneráveis a catástrofes devido à limitação dos seus recursos. A maior parte das perdas económicas na maior parte do mundo resulta dos danos causados pelas inundações. Muitos países sofreram perdas de vidas, ferimentos e destruição de propriedade que resultaram de perigos naturais. As inundações, os terramotos, as erupções vulcânicas, os tornados e os deslizamentos de terras causam persistentemente contratempos na maior parte dos países em desenvolvimento e mesmo nos países desenvolvidos, matando milhões de pessoas e destruindo anualmente um elevado montante de dólares (Dano Umar et al., 2013). À medida que o mundo cresce rapidamente, também a frequência, a tendência e a magnitude destes fenómenos naturais aumentam (Dano Umar et al., 2011). De acordo com a Agência Federal de Gestão de Emergências (FEMA) dos EUA, as inundações são uma das catástrofes naturais mais típicas e prevalecentes, matando uma média de mais de 225 pessoas, acompanhadas de perdas de bens no valor de mais de 3,5 mil milhões de USD devido a danos causados por chuvas intensas e inundações anuais (FEMA, 2014).

Na Ásia, a maioria das catástrofes naturais está relacionada com inundações e causa o máximo de danos à vida e à propriedade em comparação com outras catástrofes (Pradhan, 2010). Embora a Malásia se situe numa região geográfica e firmemente fixada, onde deveria estar livre de catástrofes naturais, é ainda assim afetada por deslizamentos de terras, inundações, neblinas e catástrofes antropogénicas, expondo vidas e bens a danos todos os anos. Entre todas as catástrofes na Malásia, as inundações são recentemente as mais frequentes, uma vez que ocorrem anualmente e causam cada vez mais danos. Por conseguinte, as inundações são consideradas o tipo de catástrofe mais grave que ocorre na Malásia (Chan 2012a; Varikoden et al., 2011; Toriman et al. 2009b). A recorrência anual das inundações varia em termos de gravidade e localização, mas as pessoas mais susceptíveis são os residentes das planícies, ou seja, perto das margens dos rios e dos locais com tendência para inundações, especialmente na Malásia, onde as inundações repentinas são mais comuns (Toriman et al. 2009c; Dano Umar et al., 2013). Estes residentes são agricultores e pescadores que se preocupam sobretudo com a forma como obtêm o seu rendimento e estão menos conscientes ou são indiferentes às consequências de residir em zonas pouco propensas a inundações.

A Malásia tem registado diferentes fenómenos climáticos e meteorológicos, incluindo o El Niño em 1997 e o La Nina em 2011 e 2012, que conduziram a secas e inundações graves, respetivamente. Tanto as cheias repentinas como as cheias das monções são registadas com outras catástrofes naturais, como deslizamentos de terras e neblinas, causando grandes perdas de vidas e de bens e a deterioração da qualidade do ar (Chan, 2012a). As inundações monçónicas que ocorrem anualmente variam em termos de ritmo, gravidade e tempo de ocorrência, estando as inundações de 2010 em Kedah e Perlis entre as piores inundações que o país já sofreu (Chan, 2012a). Em dezembro de 2006, Perlis sofreu as inundações mais graves dos últimos 30 anos, cobrindo dois terços do Estado, em resultado de uma chuva ininterrupta de três dias que destruiu cerca de 26 000 ha de arrozais em Kedah e Perlis, com perdas estimadas em 81 milhões de RM. As inundações de novembro de 2010, abril e setembro de 2011 provocaram a perda de milhões de dólares em bens e muitos feridos (Chan, 2012a). A inundação de 26 de outubro de 2003 afectou a maior parte do noroeste peninsular, incluindo Penang, Kedah e o norte de Perak (Ghani et al., 2012).

Noventa por cento (90%) dos impactos das catástrofes naturais no país resultam de inundações, com uma média anual de 100 milhões de dólares perdidos e danos adicionais causados em infra-estruturas, auto-estradas, zonas agrícolas, zonas residenciais e, sobretudo, nos meios de subsistência (Pradhan, 2010).

A gestão de desastres na Malásia depende quase completamente de abordagens baseadas no governo. O Conselho de Segurança Nacional (NSC), sob a alçada do Primeiro-Ministro, é responsável pelo controlo das políticas e o NDMRC, ou seja, o Comité Nacional de Gestão de Catástrofes e Socorro, é responsável pelo controlo das operações de socorro nas três fases da catástrofe, ou seja, antes, durante e depois da catástrofe (Chan, 2012a).

De acordo com o Departamento de Irrigação e Drenagem (DID) da Malásia, cerca de

29 000 km da superfície terrestre total e mais de 22% dos indivíduos são afectados anualmente por estas inundações, com danos que representam um montante aproximado de cerca de 915 milhões de RM (Toriman et al., 2009b). As inundações repentinas são típicas da Malásia e um número significativo de zonas urbanas deparou-se com este tipo de inundações, que ocorrem geralmente durante a época das monções, por exemplo, a monção do nordeste, de novembro a março, e a monção do sudoeste, de maio a setembro (Toriman et al., 2009b; Lawal et al., 2012).

A deteção remota é recentemente uma das ferramentas mais importantes disponíveis para os profissionais de gestão de catástrofes, o que torna o planeamento de projectos muito mais possível e mais preciso, em comparação com os tempos anteriores. A aplicação da teledeteção e do SIG no mapeamento das inundações facilitará o planeamento e proporcionará meios não estruturais mais eficazes para reduzir os efeitos destrutivos, bem como os impactos das inundações, em comparação com os modelos anteriores que foram validados pela utilização de levantamentos no terreno e não eram completamente fiáveis (Dano Umar et al., 2011).

A aplicação da teledeteção na gestão de catástrofes naturais está a tornar-se gradualmente comum na sensibilização para as questões ambientais e no fornecimento de imagens recentes ao público. Com o avanço da tecnologia, há um aumento das expectativas em relação à monitorização mais recente e à disponibilização de imagens visuais para emergências e gestão de catástrofes naturais (Ghani et al., 2012).

Os dados de teledeteção são precisos e adequados para o mapeamento de riscos naturais, como as inundações, devido à sua grande área de cobertura, oportunidade, disponibilidade e frequência temporal (Walker et al., 2010). As imagens de teledeteção podem ser utilizadas para cartografar as áreas e a extensão das inundações, desde que sejam adquiridas no momento da ocorrência ou imediatamente após a inundação. Essa aquisição atempada de dados depende em grande medida da passagem dos satélites e das condições climáticas nas zonas afectadas pelas cheias. A teledeteção ótica só é possível em condições de tempo limpo, ao passo que os dados de teledeteção por radar são mais vantajosos devido à sua capacidade para todas as condições meteorológicas. Para extrair informações úteis e processar com maior precisão os fenómenos de inundação, podem ser utilizados diferentes dados de teledeteção separadamente ou combinados (Huang et al., 2010)

A cartografia de inundações em geral é um meio de abordar os efeitos apresentados nos mapas de perigos e riscos que servem como uma das abordagens de gestão do risco de inundações, ou seja, a prevenção da acumulação de novos riscos, a redução dos riscos existentes e a adaptação às alterações dos factores de risco (Anh e Nguyen 2009). O mapeamento de inundações com imagens de radar é preferido porque as chuvas prolongadas e a cobertura de nuvens durante as inundações dificultam a aquisição de imagens ópticas (Anh e Nguyen 2009). Embora os dados de radar possam ter uma resolução espacial razoável (3-100 metros), a identificação e extração da ocupação do solo é extremamente difícil. Nos dados de radar, é difícil diferenciar visualmente as caraterísticas do solo, uma vez que muitas delas parecem semelhantes em termos de reflexão (Dano Umar et al., 2013).

O objetivo deste trabalho de investigação é integrar e avaliar três imagens SAR diferentes: RadarSat-1 imagem pré-inundação, RadarSat-1 imagem pós-inundação e TerraSAR-X imagem durante a inundação, a fim de produzir uma imagem composta para melhor identificação das caraterísticas, e o objetivo aqui é obter informações de maior qualidade. Este projeto dedica-se à investigação da técnica mais adequada para a identificação de ocorrências de cheias na área de estudo.

1.2 Declaração do problema

Durante muito tempo, a cadeia de reacções às inundações limitou-se à aplicação de mecanismos de regulação das inundações, tais como a construção de obras de controlo das inundações, barragens, diques, paredões e a prestação de socorro às vítimas das inundações. No entanto, estas estratégias não conseguiram reduzir as perdas causadas pelas inundações, nem dissuadir os desenvolvimentos indevidos que se verificam em zonas propensas a inundações. Além disso, nos últimos anos, as reacções baseadas principalmente nas inundações foram efetivamente ajustadas a uma metodologia mais aperfeiçoada que inclui mecanismos como os seguros, a previsão, o aviso prévio, bem como a evacuação e o planeamento da utilização dos solos. Esta estratégia é geralmente concebida para diminuir a suscetibilidade dos seres humanos às inundações, em vez de se basear apenas no confronto físico com os incidentes de inundação.

Deveriam ser envidados mais esforços, utilizadas novas tecnologias e abordagens mais recentes, como a utilização de imagens de satélite, especialmente em áreas como a parte norte da Malásia peninsular, onde se situam estados muito importantes e de grande contribuição socioeconómica, como os principais estados produtores de arroz (como mostra a Figura 1.1), locais turísticos e áreas tradicionalmente reservadas. De facto, devem ser adoptados os melhores meios possíveis para fazer face às inundações nesta parte do país, a fim de evitar a catástrofe que poderá provocar eventuais danos na área de estudo, uma vez que causará danos relativos ao país no seu conjunto. Esta investigação integrou três dados SAR diferentes para obter informações mais exactas no mapeamento das áreas inundadas, o que é uma estratégia importante na gestão de catástrofes de inundações.

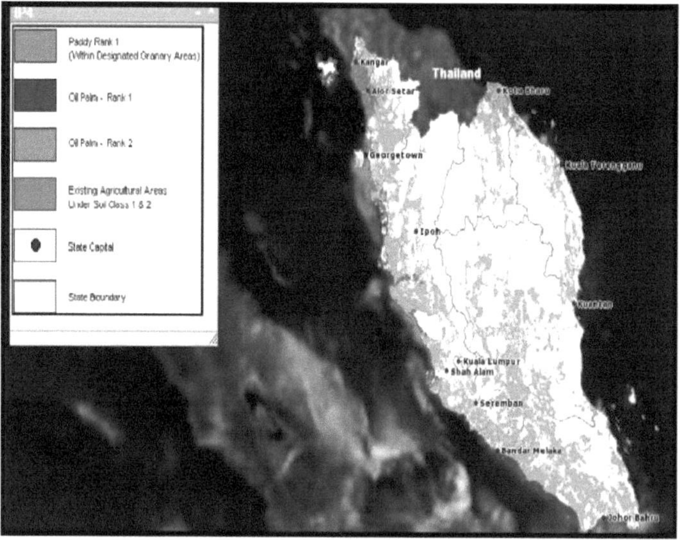

Fonte: http://www.townplan.gov.my

Figura 1.1: Principais zonas de produção de arroz situadas na parte mais setentrional do país

1.3 Finalidade e objectivos do estudo

O objetivo deste estudo é utilizar técnicas de fusão de dados de radar no mapeamento de áreas inundadas no norte da Malásia peninsular. Os objectivos incluem o seguinte:

1. Efetuar a fusão de imagens das bandas Radarsat 1 e TerraSAR-X e determinar se pode melhorar o resultado da classificação.

2. Investigar as melhores técnicas de fusão para a cartografia de inundações da área de estudo.

1.4 Âmbito e limitações do estudo

Este trabalho de investigação centra-se no mapeamento de áreas inundadas no Norte da Malásia Peninsular utilizando imagens RadarSat-1 e TerraSAR-X. A área de estudo foi extraída da combinação de dados de imagens pré-inundação, durante a inundação e pós-inundação da parte norte da Malásia Peninsular, utilizando o software Envi. A área de estudo extraída incluiu os dois estados mais setentrionais de Perlis e Kedah, que foram os únicos estados envolvidos no processamento posterior, a fim de garantir que todas as técnicas utilizadas são aplicadas dentro do intervalo da intersecção das três imagens. As técnicas utilizadas incluem a Análise de Componentes Principais (PCA), a Saturação e Valor de Matiz (HSV), a Transformação de Brovey (BT), Gram Schmidt (GS) e a Nitidez Espectral de Componentes Principais (PCSS). As imagens RadarSat-1 Pré e RadarSat-1 Pós-Inundação foram utilizadas na produção do mapa de deteção de alterações, enquanto a imagem TerraSAR-X durante a inundação foi utilizada no mapeamento da extensão da inundação.

A limitação desta investigação é a dificuldade na aquisição de dados de verdade no terreno da área de estudo, que requer tempo suficiente, mas que não pôde ser obtida devido ao limite de tempo para a duração do estudo. Por conseguinte, o mapa de utilização do solo apresentado no capítulo 3 foi utilizado como substituto.

1.5 Importância do estudo

A recorrência de inundações exige a produção extensiva de mapas de inundações, mas a base de um mapa exato depende da qualidade das imagens de satélite. As crescentes expectativas do público em relação a melhores instrumentos de gestão das inundações correspondem à eficiência e eficácia da teledeteção, em que o satélite constitui uma base sólida para a cartografia das zonas inundadas e também ao importante papel que desempenha nas quatro fases de qualquer ciclo de gestão de catástrofes, ou seja, atenuação, preparação, resposta e recuperação.

Foram efectuados muitos estudos utilizando diferentes bandas de SAR para fins de classificação, mas o TerraSAR-X é um dado mais recente, recentemente aplicado em alguns estudos, em comparação com outras bandas com comprimentos de onda mais longos. A maior parte da investigação tem-se concentrado na fusão de imagens SAR e ópticas, mas pouco foi feito sobre a fusão de diferentes bandas SAR, como o TerraSAR-X com o RadarSat-1, especialmente na área de estudo.

No entanto, a fusão de dados SAR e ópticos não é fiável porque a possibilidade de dispor de ambos os dados de deteção remota (SAR e ópticos) é difícil em alguns casos devido à sua incompatibilidade com todas as condições meteorológicas. Por outro lado, as zonas inundadas e os danos podem ser detectados utilizando dados SAR devido à sua capacidade de desempenho em todas as condições meteorológicas. Isto faz com que valha a pena comparar diferentes tipos de dados SAR na deteção de áreas inundadas utilizando a fusão e a classificação de imagens; isto para determinar se é uma decisão mais apropriada fundir as várias bandas de dados SAR para posterior classificação de inundações. O objetivo desta investigação é combinar três imagens SAR de diferentes resoluções espaciais para formar uma nova imagem que contenha mais informações interpretáveis e melhorar os limites. Alguns artigos recentes integraram imagens de radar com várias bandas. No entanto, este projeto de investigação integra imagens SAR de banda única para investigar a eficácia no fornecimento de informações mais interpretáveis que podem ajudar a enfrentar os desafios desastrosos das inundações na área de estudo.

Este estudo contribuirá para ajudar os planeadores a compreenderem melhor as regiões mais propensas à ocorrência de cheias, os construtores terão informações mais detalhadas sobre onde é melhor construir e os indivíduos e proprietários de empresas terão melhores conhecimentos e capacidade para fazerem melhores planos financeiros e de proteção dos seus bens. Deste modo, a tomada de decisões e a coordenação da gestão das inundações nesta parte do país tornar-se-ão mais fáceis e poderão ser tomadas medidas e precauções mais adequadas. A redução dos problemas de inundação nalguma parte do país é um passo para a redução dos problemas de inundação a nível nacional.

1.6 Questões de investigação

1. Qual é a gravidade do problema das inundações no Norte da Malásia Peninsular?

2. A fusão de dados dá um contributo significativo para a cartografia das inundações?

3. Qual a eficácia da fusão de imagens na cartografia das zonas inundáveis da área de estudo?

1.7 Organização da tese

A estrutura desta tese é apresentada sob a forma de cinco capítulos, incluindo este capítulo introdutório, que analisa os antecedentes da investigação e aponta os problemas e as lacunas. No final deste capítulo, são apresentados os contributos deste trabalho de investigação e a estrutura da tese.

O capítulo dois abrange a revisão da literatura relevante Inundações e seus impactos na área de estudo, e a aplicação da deteção remota para lidar com os efeitos

O capítulo três apresenta a metodologia alargada utilizada nesta investigação. Descreve o procedimento de todas as fases adoptadas para atingir os objectivos acima referidos.

O quarto capítulo abrange os resultados e a discussão das conclusões deste trabalho de investigação. Os resultados deste capítulo seguem a ordem cronológica da metodologia definida para responder aos objectivos.

O capítulo cinco apresenta as conclusões, que respondem a todos os objectivos, recomendações e trabalho futuro, também apresentado no final deste capítulo, que se baseia nos resultados obtidos com este estudo.

CAPÍTULO 2

REVISÃO DE TRABALHOS ANTERIORES

2.0 Descrição geral

Este capítulo analisa a literatura relevante sobre um breve historial das cheias e dos seus impactos na área de estudo, seguido da aplicação da deteção remota na gestão das catástrofes por elas causadas. A literatura aqui apresentada está subdividida em 3: Inundações, aplicações de deteção remota e fusão de dados (integração de dados). Esta revisão abrange também trabalhos anteriores sobre assuntos relacionados, quer sejam estudos de caso locais ou internacionais.

2.1 Inundações

As inundações são os riscos naturais mais comuns que afectam os seres humanos e o seu ambiente natural e artificial de diferentes formas (Khan et al. 2011). As inundações ribeirinhas ocorrem normalmente devido a chuvas fortes e prolongadas, ao rápido degelo da neve a montante das bacias hidrográficas ou ao degelo regular da primavera (Ghani et al., 2012). Outros tipos de inundações ocorrem devido a chuvas prolongadas num curto período de tempo num terreno relativamente plano, falhas de barragens, transbordamento de barragens devido a deslizamentos de terras para um reservatório e efeitos de maré de vento em grandes lagos (Dano Umar et al., 2013)

A identificação do perigo de inundação exige a formulação de medidas de atenuação adequadas e o desenvolvimento de planos de resposta (Adedeji et al., 2012), o que pode exigir diferentes conjuntos de dados de deteção remota, que se espera que contenham informações mais detalhadas para uma atenuação e modelação adequadas (Schumann et al., 2009). No entanto, até à data, a maioria dos estudos publicados centra-se principalmente na integração de imagens de radar e ópticas.

2.2 Breve história das inundações na Malásia

As inundações são a catástrofe natural mais sentida na Malásia (Chan, 2012a; Varikoden et al., 2011; Toriman et al., 2009a) e são causadas por factores naturais e antropogénicos (Pradhan, 2010). As inundações na Malásia são o resultado da interação entre estes dois factores. Muitas utilizações humanas e naturais do solo concentram-se ao longo das planícies aluviais e das zonas submersas em toda a Malásia. Historicamente, os malaios são ribeirinhos porque as suas primeiras povoações foram construídas e cresceram em torno da parte costeira dos rios da península. Factores físicos, como as chuvas prolongadas das monções e as fortes tempestades de convecção (Lawal et al., 2012), e factores humanos, como os maus sistemas naturais de drenagem das águas, a utilização dos solos (Pradhan, 2010), a geologia e vários outros factores, aumentaram a fase das inundações (Dano Umar et al., 2013; Pradhan, 2010), tornando-as uma parte típica da vida quotidiana de um grande número de malaios. Embora as chuvas sejam necessárias para a agricultura, em especial para o cultivo de arroz húmido, também são o gatilho das inundações sazonais (Pradhan, 2010).

De entre a série de inundações históricas, o Departamento de Drenagem e Irrigação (DID) comunicou que a inundação de 1926 foi considerada a mais desastrosa de sempre, uma vez que quase todo o país sofreu graves danos. Foi baptizada de "tempestade florestal" devido aos enormes prejuízos e à destruição que causou às florestas de planície nas planícies aluviais dos rios Besut e Kelantan. Em 2005 e 2006, Kedah e Perlis sofreram as mais terríveis inundações dos últimos 30 anos, tendo mais de 16 000 pessoas sido evacuadas para 113 centros de socorro. A maior parte de Perlis e a maior parte do norte de Kedah foram inundadas por um período de precipitação ininterrupto de três dias. As inundações destruíram cerca de 25 000 hectares de arrozais em Kedah e Perlis. Os prejuízos ascenderam a mais de 81 milhões de Ringgit malaios (Chan, 2009). Também em novembro de 2010, Kedah e Perlis sofreram inundações que levaram ao aumento do número de evacuados em comparação com as anteriores inundações de Kedah, Kelantan, Perlis e Terengganu (Anwarosma, 2010).

Nas últimas décadas, a bacia de Sungai Pahang sofreu períodos de cheias que causaram grandes danos à comunidade local. Em termos de classificação, a primeira e mais aterradora inundação alguma vez ocorrida na Malásia, como já foi referido, foi a de 1926, mas oficialmente nem todos os pormenores estão registados (Ghani et al., 2012). Em segundo lugar, em janeiro de 1971, outra inundação catastrófica assolou muitas partes do país e é considerada a segunda inundação mais desastrosa de que há registo. Pahang foi gravemente afetado, sofrendo grandes perdas económicas em propriedades e culturas, com uma área inundada de cerca de 3000 km^2 , 150 000 pessoas evacuadas e a perda de 24 vidas. Isto levou os peritos a concluir que os danos estimados das inundações foram de cerca de 38 milhões de dólares, incluindo os danos tangíveis (Ghani et al., 2012).

2.3 Risco de inundações na Malásia

A Malásia é um país propenso a inundações devido à sua geografia física e humana. Os malaios são historicamente classificados como povos ribeirinhos porque as suas primeiras povoações foram construídas nas principais margens dos rios da península

(Ghani et al., 2009). Estas são zonas propensas a inundações com elevado risco nas zonas costeiras e ribeirinhas devido à precipitação anual das monções, com uma média anual de 3000 mm. Devido à elevada população residente em zonas propensas a inundações, o governo tem de orçamentar um montante enorme para a mitigação das inundações.

A desflorestação é outro fator que desencadeia as inundações, uma vez que as superfícies ficam expostas a inundações devido ao escoamento excessivo. Esta situação tem-se mantido sem alterações consideráveis. O recente aumento devido ao desenvolvimento da bacia hidrográfica está a resultar no aumento da magnitude e da frequência das inundações (Ghani et al., 2010). Como o país está a desenvolver-se, as mudanças crescentes na magnitude e frequência levaram à mudança da suscetibilidade de rural para urbano. Atualmente, as zonas urbanas são as mais susceptíveis, porque a população urbana do país é superior a 60%, com actividades socioeconómicas elevadas.

2.4 Gestão das inundações na Malásia

A gestão de desastres na Malásia depende quase completamente de abordagens baseadas no governo. O Conselho de Segurança Nacional (NSC) na Malásia é o principal coordenador e decisor político para a gestão de desastres que é responsável e planeia todas as actividades relacionadas com as quatro fases da gestão de desastres, ou seja, as fases de mitigação, resposta, recuperação e preparação.

A diretiva n.º 20 do Conselho de Segurança Nacional (NSC) é a principal orientação para a gestão de catástrofes na Malásia (Chan, 2012a). A diretiva é responsável pela tomada de decisões e pela atribuição dos mecanismos a empregar para lidar com as catástrofes, incluindo a atribuição de deveres, responsabilidades e funções a determinadas agências integradas responsáveis pelo sistema de gestão de ajuda de emergência. Isto é conseguido através da organização das comunidades em matéria de gestão de catástrofes a nível federal, estadual e distrital através da criação do Comité de Gestão de Catástrofes e de Socorro a três níveis diferentes (federal, estadual e distrital), dependendo do grau de gravidade da catástrofe (Chan, 2012a).

De acordo com a diretiva n.º 20 do Conselho de Segurança Nacional, a gestão e a resolução de catástrofes naturais podem ser realizadas através de uma melhor coordenação com o envolvimento integrado e a mobilização de agências ligadas, a fim de reduzir as perdas causadas por catástrofes. Atualmente, o problema das inundações na Malásia é mais crítico e está a levantar questões e debates entre o governo, os investigadores e os particulares do país, uma vez que este está a passar por uma rápida urbanização e industrialização (Toriman et al. 2009a).

De acordo com Chan (2012a), a estratégia acima referida tem sido amplamente utilizada na gestão de catástrofes provocadas por inundações, que é uma das principais catástrofes que afectam a Malásia. Apesar de as catástrofes provocadas pelas cheias terem sido vividas várias vezes e de o governo ter envidado esforços infindáveis para ultrapassar os terríveis acontecimentos, reduzindo a taxa de destruição e as perdas, o caso das cheias continua a exigir atenção.

Como passo importante para a redução da destruição causada pelas cheias, devem ser criados mapas de zonas inundáveis para tornar mais pronunciadas as zonas propensas a inundações. De acordo com De Moel et al. (2009), os mapas de zonas inundáveis podem ser importantes motores para serem utilizados por planeadores espaciais e investidores na conceção de habitações e infra-estruturas mais sustentáveis em zonas propensas a inundações e na preparação concreta contra futuras ameaças de inundações.

2.4.1 Limitações do sistema de gestão das inundações na Malásia

Sendo um país propenso a inundações, foram feitas muitas tentativas para reduzir a fase crescente das inundações. Embora muitas das estratégias adoptadas tendam a reduzir alguns impactos, não são completamente bem sucedidas em muitos aspectos da gestão, o que se deve provavelmente à utilização de abordagens ultrapassadas em termos de evacuação e socorro, e à falta de cooperação entre os funcionários e as agências responsáveis.

As medidas estruturais incluem o alargamento, o aprofundamento e o endireitamento do rio com o objetivo de reduzir a magnitude da inundação, mas esta abordagem transfere por vezes os problemas de inundação para mais a jusante, (Ghani et al., 2010). A utilização de mapas e modelos computorizados pode ser utilizada para medir o efeito das ameaças humanas nos sistemas fluviais, (Ghani et al. 2012). Embora estas medidas sejam utilizadas em todo o mundo, a utilização de modelos sofisticados é bastante recente na Malásia (Leow et al., 2009; Ghani et al., 2010; Liew et al. 2012).

Embora exista um número adequado de estações telemétricas para o caudal do rio e a precipitação no país, um exame mais atento e cuidadoso revela a sua distribuição desigual. Muitas das estações telemétricas estão situadas nas zonas densamente povoadas, mas as zonas escassamente povoadas têm uma distribuição menor, mais especificamente as zonas montanhosas (Ghani et al., 2010). O Departamento de

Meteorologia da Malásia e o Departamento de Irrigação e Drenagem ainda não utilizaram a informação de deteção remota sobre a precipitação utilizando sistemas de radar por satélite como meio de medir as inundações através de cartografia e modelação. A razão para tal deve-se provavelmente ao custo, mas, na realidade, a utilização de tais técnicas não permite obter mapas de inundações mais exactos.

O Departamento de Irrigação e Drenagem publicou um manual de águas pluviais para a Malásia no ano 2000 para promover as melhores práticas de gestão (BMP), com o objetivo de gerir a qualidade das águas pluviais em benefício de uma contribuição de impacto zero do desenvolvimento e preservar a quantidade total que o caudal natural do rio pode conter, o que envolve a construção de instalações de retenção e de retenção. A lagoa de retenção é uma das estruturas de atenuação das inundações amplamente aplicadas na Malásia atualmente (Bustami et al., 2009, mas Fitri et al. (2011) concluíram que o lago Aman é eficaz como lagoa de retenção, mas não é suficiente para resolver os problemas no campus principal da USM, mesmo com um intervalo médio de recorrência de 2 anos.

Por último, o movimento da fase de gestão do risco de inundação na Malásia não é simultâneo com o rápido desenvolvimento. Como país recentemente industrializado, quanto mais rápido é o crescimento da mudança socioeconómica, mais rápida é a mudança política, assim como a velocidade das mudanças ambientais e físicas. Estas alterações no ambiente conduzem à suscetibilidade e à exposição aos riscos de inundação. Por conseguinte, num país altamente industrializado como a Malásia, devem ser envidados esforços tangíveis para a gestão das inundações, por exemplo, através de uma classificação elevada nas agendas oficiais (Fitri et al., 2011; Dano Umar et al., 2013).

2.5 Inundações e seus impactos no norte da Malásia peninsular

Embora se considere que a Malásia, em geral, está situada numa zona livre de catástrofes, não é garantido que não ocorram catástrofes naturais. Um exemplo é o tsunami de 26 de dezembro de 2004, que infelizmente custou 76 vidas, e muitas propriedades foram perdidas ao longo das costas do noroeste peninsular, afectando Kedah, Perlis, Perak, Penang e Selangor.

Do mesmo modo, em 2004, o norte da Península da Malásia foi afetado por uma inundação provocada por marés que causou grandes danos às comunidades urbanas e rurais situadas perto da costa. As zonas urbanas sofreram danos nas suas áreas residenciais e comerciais, ao passo que o efeito nas zonas rurais afectou principalmente as propriedades dos agricultores e dos pescadores (Fitri et al., 2011). Em 2010, os transportes nos estados de Kedah e Perlis tiveram de ser interrompidos, envolvendo estradas, caminhos-de-ferro e vias rápidas. Outras infra-estruturas, como as principais redes de abastecimento de água, foram destruídas, provocando a contaminação da água e levando ambos os Estados a procurar abastecimento de água no Estado vizinho de Perak. Também se registaram prejuízos em cerca de 45 000 hectares de campos de arroz destruídos por estas inundações (Lawal et al., 2012). Devido à densidade das infra-estruturas residenciais e comerciais, o número de danos urbanos foi muito mais elevado nas zonas urbanas do que nas zonas rurais (Fitri et al., 2011).

As alterações climáticas são outro fator importante a considerar, pois são evidentes na ocorrência contínua de inundações nas zonas costeiras dos Estados de Kedah, Pahang, Kelantan, Johor e Terengganu. Prevê-se que, no futuro, as alterações climáticas provoquem a subida do nível do mar e, entre as regiões vulneráveis, as que mais deverão sofrer perdas, especialmente na produtividade agrícola, são Kedah, Perlis e Perak (Siwar e Chamhuri, 2009)

2.6 Deteção remota

A deteção remota é um método de aquisição de dados sobre objectos através da avaliação de dados recebidos por dispositivos que não estão em contacto físico com os objectos. O advento das tecnologias de satélite, das tecnologias de sensores e da computação proporcionou o desenvolvimento de uma nova disciplina com impacto na ciência e na engenharia. A deteção remota, devido à sua capacidade de aceder a áreas inacessíveis num período de tempo limitado, tornou-se uma ferramenta mais eficiente na avaliação, observação e minimização dos impactos das inundações.

A aquisição de imagens permite fornecer informações sobre diferentes variáveis, devido à sua capacidade de utilizar diferentes sensores no registo da radiação reflectida ou emitida pelos objectos em diferentes tipos de resoluções (Huang et al. 2010). A deteção remota é classificada com base na gama de sensibilidade do sensor, na técnica de captura (fotográfica ou de varrimento), no método de operação (passivo ou ativo) ou na plataforma do sensor (avião ou satélite). Os sistemas de teledeteção por satélite vão desde os sistemas de satélites meteorológicos de baixa resolução até aos sistemas de imagens de alta resolução. Exemplos de satélites de recursos terrestres são os satélites Landsat (EUA), MOMS (Alemanha) e SPOT (França). Os satélites de recursos terrestres que funcionam nos comprimentos de onda infravermelhos visíveis e micro-ondas do espetro eletromagnético são úteis para a maioria dos fins de engenharia civil (Dano Umar et al., 2011).

Os satélites de teledeteção são extremamente úteis e detalhados e são capazes de atributos que são difíceis de serem simplesmente vistos e inferidos. Os dados de deteção remota podem ser incorporados em áreas como o Sistema de Informação Geográfica (SIG) para serem avaliados na previsão de áreas susceptíveis de inundação. As imagens de satélite fornecem dados rápidos e úteis de cobertura de uma vasta área sobre os critérios que impedem a terrível ocorrência e o movimento das cheias. Isto pode incluir factores como a geologia, as águas pluviais, o declive, o tipo de solo, bem como a utilização do solo. Estes factores podem ter de ser incorporados na avaliação das ocorrências de inundações. As abordagens tradicionais e comuns são forçadas a examinar estes critérios conjuntamente devido à indisponibilidade de informação, à falta de ferramentas de integração e de métodos de modelação.

A cobertura por satélite pode apresentar uma precisão inexistente na medição do ciclo hidrológico mundial. Os dados de satélite monitorizam e identificam facilmente variações nas condições da superfície durante um longo período de tempo. Muitas utilizações de terras agrícolas, como o óleo de palma, o coco, o arroz, a borracha, o cacau e muitas outras, podem ser cartografadas utilizando estas imagens de satélite. Também permitem distinguir entre povoações urbanas e zonas florestais. Uma combinação de imagens de satélite, mapas geológicos digitalizados e mapas de elevação pode ser estudada e utilizada na criação das camadas de dados necessárias para satisfazer as diferentes condições dos critérios identificados. As aplicações de teledeteção provaram ser uma técnica eficaz em termos de custos para examinar as inundações e os riscos que as acompanham, como a drenagem superficial, os deslizamentos de terras e os terrenos instáveis. O processamento digital de imagens é uma parte integrante da teledeteção, que é efectuada com recurso a componentes de software e hardware como uma fase vital na utilização bem sucedida da informação de satélite. O restauro da imagem é uma fase de pré-processamento que inclui o registo da imagem na posição real da terra (que é esférica), ou seja, a posição inclinada a partir da forma retangular ou quadrada do sensor, que normalmente contém distorções geométricas. A interpretação da imagem é uma fase do processamento da imagem que pode ser efectuada possivelmente por um processo de classificação que pode ser supervisionado ou não supervisionado. Na classificação não supervisionada, o computador examina todos os pixéis da imagem e agrupa cada um deles em várias classes únicas, que têm de ser determinadas pelo analista quanto ao tipo de cada categoria. No caso da classificação supervisionada, o analista tem de selecionar um local de treino e ordená-lo no computador para permitir uma operação e interpretação fáceis (Zhang, 2010).

2.6.1 A deteção remota como ferramenta para a gestão de inundações

Durante décadas, a utilização de sensores de satélite para monitorizar as inundações é uma conquista visível em todo o mundo. Isto deve-se à disponibilidade de fotografias aéreas e de imagens de satélite que tornaram possível a monitorização das inundações a partir de alturas espaciais. A teledeteção fornece informações fiáveis sobre as inundações, bem como sistemas de previsão e de gestão das inundações, tendo-se registado grandes avanços, especialmente na teledeteção por micro-ondas, desde há algumas décadas. No entanto, a integração da teledeteção surgiu nas últimas décadas como resultado de avanços significativos nas técnicas de teledeteção SAR (Schumann et al., 2009) e descobriu-se que a utilização de imagens de satélite são as fontes mais eficazes e as ferramentas de gestão das inundações (Dano Umar et al., 2011).

Anh e Nguyen (2009) descreveram a importância da integração de imagens de satélite na tentativa de mapeamento e monitorização de inundações para um melhor planeamento no delta do rio Vermelho, no Vietname, que sofreu inundações de 1984 a 2008. Anh e Nguyen (2009) utilizaram o ALOS/PALSAR para determinar as massas de água permanentes utilizando a imagem de antes da inundação e outra imagem de depois da inundação para medir as áreas inundadas. Os resultados finais mostram a possibilidade de aplicar o radar ALOS/PALSAR no mapeamento e monitorização de inundações.

2.6.2 Ferramentas de Deteção Remota por Micro-ondas para Delineação de Áreas Inundáveis e Gestão

Na deteção remota por radar, o radar funciona através do envio de sinais de rádio e, após algum tempo, recebe o sinal de volta. A diferença entre o momento em que o sinal é enviado e o momento em que regressa é utilizada para criar um mapa topográfico. Uma vantagem importante do radar é o facto de poder ser utilizado dia e noite e em todas as condições meteorológicas. Uma das principais caraterísticas dos dados de radar é o coeficiente de retrodifusão registado, que difere entre superfícies simultâneas (Brivio et al., 2002). Uma combinação do sistema, as propriedades dieléctricas, os parâmetros do solo e a rugosidade da superfície são responsáveis pela intensidade do sinal de retorno da superfície alvo, por exemplo, no caso de massas de água, estas reflectem quase toda a radiação incidente que vem do sensor, formando um tom escuro nas imagens de radar para representar o sinal fraco, de modo a que as áreas de água estática sejam facilmente reconhecidas (Brivio et al., 2002).

A cobertura de nuvens constitui um obstáculo ameaçador à aquisição de dados de inundação em condições meteorológicas adversas por sensores ópticos, o que faz com que a radiação de micro-ondas tenha uma vantagem na capacidade de adquirir informações sem nuvens. Estudos anteriores mostraram que a utilização de SAR e de deteção remota ótica é a técnica mais reconhecida de gestão de inundações, mas a resposta do radar é mais apreciável em função da geometria e da estrutura em comparação com a reflexão da superfície em imagens ópticas. O SAR dá a possibilidade de recolha de dados 24 horas por dia e não é refletido pelas condições atmosféricas e raios. Torna possível a visualização de cenários numa grande área de cobertura e também a capacidade de diferenciação entre terra e água (Kussul, 2011).

2.6.2.1 Radar de abertura sintética (SAR)

O SAR é um sistema de radar avançado que utiliza várias técnicas de processamento de imagem para produzir uma banda de resolução espacial mais elevada através da síntese de uma grande antena virtual. A transmissão de ondas electromagnéticas pelo SAR tem um comprimento de onda que varia entre alguns milímetros e dezenas de centímetros. Devido à sua capacidade de receber e transmitir sinais retrodifundidos de alvos em todas as condições, é capaz de funcionar em todas as condições meteorológicas (Lu et al., 2010; Zhang 2010; Chini et al., 2012). A figura 2.1 mostra a transmissão de radar do sensor e a retrodifusão do alvo no solo. A utilização do SAR é preferível para inundações devido à probabilidade de cobertura de nuvens associada, embora tanto o SAR como o ótico sejam aparentes. A utilização de imagens visíveis e/ou térmicas para cartografar as inundações é dificultada pela nebulosidade durante as inundações, especialmente em bacias hidrográficas médias onde as inundações recuam frequentemente antes das intensidades da nebulosidade e da precipitação. Assim, a deteção e o controlo das inundações só parecem ser possíveis com o SAR (Schumann et al., 2009)

A capacidade do SAR para fornecer imagens de dia e de noite, apesar das ameaças físicas como a neve, a neblina, a chuva, as nuvens ou mesmo em condições climáticas temperadas húmidas, faz do SAR a ferramenta mais adequada para a gestão das inundações. Além disso, o SAR tem a capacidade de detetar superfícies abertas de água, a capacidade de distinguir entre neve húmida e neve seca e entre solo húmido e solo seco (Dano Umar et al., 2011).

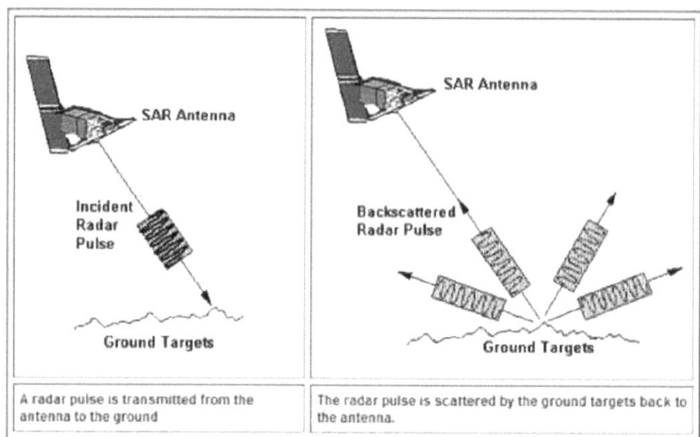

Figura 2.1: Radar de Abertura Sintética (SAR) mostrando a natureza da transmissão do impulso de radar da antena SAR para os alvos e a natureza de dispersão do impulso de radar devolvido (retrodifundido) dos alvos terrestres (CRISP)

Um problema importante na relação que ocorre entre o comprimento de onda do radar, a caraterística da topografia (rugosidade), bem como a massa de água, é que a água estagnada reflecte de volta os sinais de radar. Consequentemente, a antena obtém uma retrodifusão nula, o que se deve ao facto de a natureza lisa da água fazer com que esta apareça com um tom escuro nas imagens (reflexão especular). Por outro lado, quando a água é agitada, a aparência é mais clara (reflexão difusa devido à retrodifusão) em comparação com a aparência da água calma. (Dano Umar et al., 2011) A Figura 2.2 mostra o exemplo de retrodifusão em superfícies lisas e rugosas ou uma caraterística com duas ou mais superfícies com caraterísticas topográficas diferentes.

As superfícies rugosas dispersam mais energia em diferentes direcções, incluindo a direção de transmissão de volta para a antena, enquanto a dispersão da superfície lisa é como um reflexo de espelho. As reflexões de canto são causadas por objectos com duas ou mais superfícies viradas para a direção da antena, por exemplo, edifícios, pontes ou ruas. (Zhang 2010)

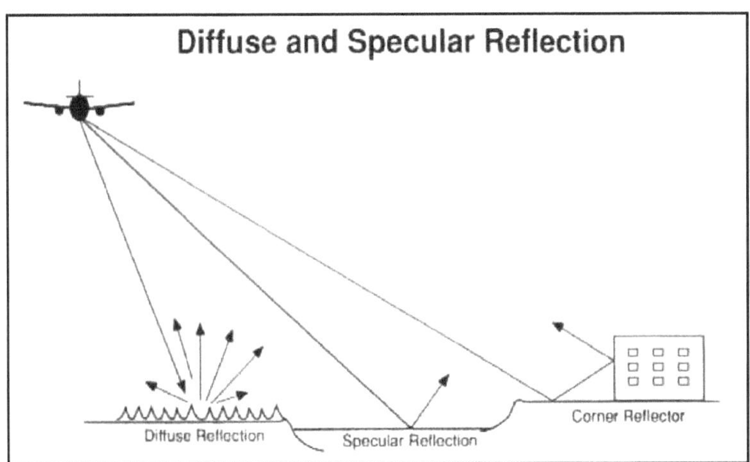

Figura 2.2: Efeito da rugosidade da superfície na retrodifusão do radar (CRISP)

2.6.2.2 Dados SAR para aplicações de cartografia de inundações

A imagiologia das inundações é efectuada de forma moderna e rotineira, utilizando sensores de satélite e aéreos, mas os sensores SAR são preferencialmente utilizados para a deteção de inundações, em vez dos sensores de banda visível, devido à sua vantagem de penetrarem nas nuvens a qualquer momento durante a inundação e à capacidade de obter imagens tanto de noite como de dia. Exemplos destes sensores são o TerraSAR -X e o RadarSat 1, descritos a seguir.

i.TerraSAR-X: O TerraSAR-X é um SAR ativo que possui uma banda X orientável e tem opções de polarização simples e dupla. Este satélite capta exclusivamente em cinco modos, que vão desde o modo de projeção de alta resolução, ou seja, 1 m, até ao modo scanSAR (resolução de 18,5 m). Tem uma capacidade de revisita de 2,5 a 11 dias (www.geoimage.com).

ii.RadarSat-1: O RadarSat-1 é um SAR polarizado HH que possui uma banda C avançada de 5,6 cm. Sendo um SAR polarizado HH, permite uma vasta gama de cobertura de área de opções de imagem de mais de 500 km, valores de faixa de 35 a 500 km de largura e resoluções espaciais de 10 a 100 metros. O RadarSat-1 tem um ângulo de incidência que varia de menos de 200 a mais de 500, tornando a sua geometria de visualização flexível. O seu feixe de radar orientável permite obter imagens muito frequentes de regiões, e a sua órbita optimizada cobre frequentemente áreas desde a latitude média até às regiões polares e, ao mesmo tempo, fornece imagens de toda a região árctica num curto período de tempo. *(www.geoimage.com).*

2.6.2.3 Constantes dieléctricas

A constante dieléctrica é um fator determinante da qualidade da interação das ondas electromagnéticas com um material. Divide-se entre a parte real e a parte imaginária. A primeira refere-se à permissividade dos materiais, enquanto a segunda é o fator de perda. A maior parte dos elementos naturais são constituídos por constantes dieléctricas reais entre 2 e 10, enquanto os imaginários (minúsculos) têm constantes dieléctricas de cerca de 80, o que faz com que os efeitos das zonas húmidas sejam elevados nas imagens de radar. (Gleich et al., 2010)

2.7 Propriedades da imagem de radar

A caraterística mais aparente das imagens de radar é a sua luminosidade lateral, que surge devido a variações na geometria do sensor. Um exemplo é a diferença no ângulo local que resulta em retornos relativos de encostas viradas para o sensor ou encostas atrás. Como resultado dessas diferenças, duas propriedades principais são destacadas, ou seja, o efeito speckle e o padrão de antena.

2.7.1 Efeito de mancha

Um problema caraterístico da visualização e análise de imagens SAR é o efeito speckle, devido à interferência dos sinais de retrodifusão, que prejudica a cena da imagem e dificulta a extração e interpretação dos dados. A Figura 2.3 mostra o ruído speckle antes e depois da redução (Gleich et al., 2010). Este efeito speckle é removido pelo processo de despeckling utilizando filtros médios.

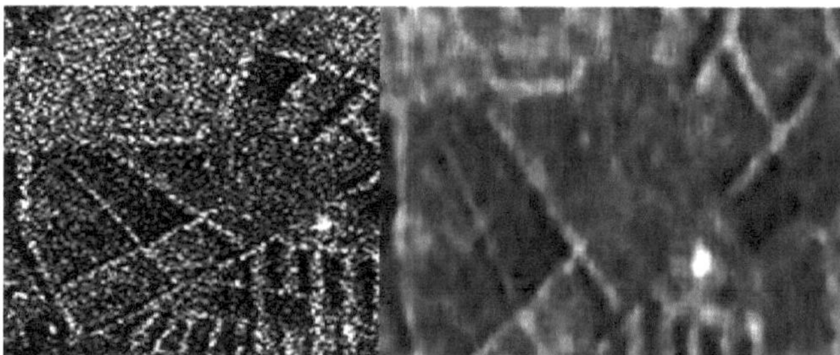

Figura 2.3 Imagem de radar antes do speckle (esquerda) e depois da redução do speckle (direita) (http ://www.nrcan. gc .ca/)

2.7.2 Padrão de antena

A transmissão de mais energia na gama média da faixa do que na gama próxima e distante produz um efeito designado por padrão de antena. Neste caso, o retorno do sinal é mais forte na extremidade distante, tornando-o mais brilhante do que na extremidade próxima. Por conseguinte, a intensidade do sinal torna-se menor à medida que se afasta da faixa, e o resultado deste efeito é a variação do tom na direção ao longo da faixa. O método de correção do padrão da antena é utilizado para obter uma luminosidade média uniforme.

2.8 Fusão de imagens obtidas por deteção remota

A fusão de dados é o processo de combinação de duas ou múltiplas imagens para obter informações mais detalhadas e de qualidade com o auxílio de determinados algoritmos (Ehlers et al., 2010). O rápido desenvolvimento da aplicação da fusão de dados em diferentes áreas começou nas últimas décadas, sendo uma das áreas de aplicação a fusão de imagens em deteção remota. No entanto, a fusão de dados multisensor continua a ser um desafio (Palubinskas et al., 2010).

Tal como (Gamba, 2013) mencionou numa análise recente, a fusão de dados de vários sensores e de várias resoluções é uma combinação de dados que representam áreas físicas ou urbanas. Por conseguinte, a combinação de várias imagens de plataformas aéreas e espaciais é efectuada principalmente ao nível das caraterísticas para ajudar a reduzir os problemas de co-registo e calibração. Os métodos baseados em pixéis são considerados na nitidez de panorâmicas (Ehlers et al., 2010; Dahiya et al., 2013), principalmente para ajudar na análise visual ou na entrada noutras abordagens pixel a pixel, como os classificadores (Angiuli e Trianni 2013).

(Giustarini et al., 2013) concluíram, numa análise dos pixéis de água na região de sombra, que a sobredetecção em algumas áreas não permite obter um resultado claro utilizando uma única imagem de inundação, porque o método acabaria por classificar massas de água permanentes como inundadas. É evidente que a reflexão especular pode fazer com que alguns objectos, como os telhados de edifícios, devido à sua planura, possam ser classificados erradamente como uma área inundada (Giustarini et al., 2013). Esta situação é considerada como uma sobredetecção de pixéis de inundação. Como as áreas inundadas são refinadas com precisão em áreas abertas, há uma falha sistemática na recuperação de áreas inundadas sob o dossel da vegetação, causando a classificação incorrecta de áreas inundadas como não inundadas. Este facto é considerado como sub-deteção (Giustarini et al., 2013).

De acordo com a literatura acima referida, a fusão de dados tem por objetivo transformar a informação numa forma mais interpretável e também a preferência pela utilização de dados múltiplos em vez de dados únicos que não são totalmente fiáveis. A fusão de dados pode ser efectuada a diferentes níveis, dependendo da fase em que a fusão se realiza. Estes níveis incluem o nível do pixel, o nível das caraterísticas e os níveis de decisão, como ilustrado na Figura 2.4

i. Fusão ao nível do pixel: Este nível de fusão envolve a fase de processamento mais baixa, em que os parâmetros físicos são fundidos, e utiliza dados raster que são pelo menos co-registados, se não geocodificados. As imagens são aqui fundidas de forma redundante na fase inicial, antes do processamento. Este tipo de fusão é utilizado para este estudo.

ii. Fusão ao nível das caraterísticas: Requer o reconhecimento de informações ou objectos das fontes de dados após o processamento, antes de serem fundidos.

iii. Fusão ao nível da decisão: Envolve a extração, o reconhecimento e o processamento de imagens individuais e, em seguida, as imagens são combinadas e a informação é obtida após a tomada de decisão.

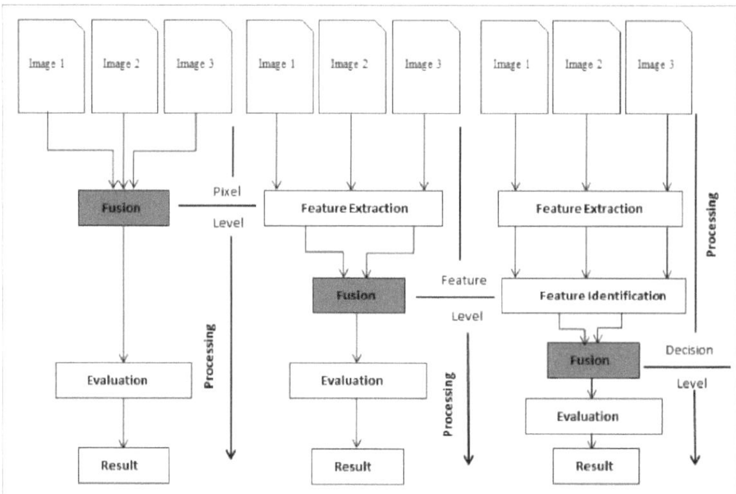

Figura 2.4: Diferentes níveis de fusão de imagens, modificado de (Pohl e Genderen 1998)

2.8.1 Técnicas de fusão de dados

Existem vários tipos de técnicas de fusão de imagens. Os quatro tipos de técnicas de fusão de imagens utilizados neste estudo incluem a saturação de matizes e valores (HSV), a transformação de Brovey (BT), a nitidez de Gram Schmidt (GS) e a nitidez espetral de componentes principais (PCSS). Estes métodos são descritos nas subsecções seguintes.

2.8.1.1 Matiz, Saturação, Valor (HSV)

O método HSV separa a informação espetral em tonalidade, saturação e valor, sendo referido como um método de transformação de RGB em espaço de cor com o objetivo de substituir a banda de baixa resolução por uma de alta resolução e reamostrar a tonalidade, bem como as bandas de saturação automaticamente para o tamanho de pixel de resolução mais elevada e, por fim, transformar a imagem novamente em RGB. Isto fará com que a saída RGB tenha o tamanho de pixel dos dados de entrada de alta resolução (Jia e Minhe, 2011; ENVI 2008)

2.8.1.2 Brovey Transformation (BT)

O método de transformação de Brovey destinava-se inicialmente a aumentar visualmente o contraste entre as duas extremidades de um histograma de imagem, ou seja, as extremidades alta e baixa, alterando assim a geometria original da cena. Este método foi desenvolvido para produzir imagens RGB, razão pela qual só podem ser fundidas três bandas de cada vez (Rohan et al., 2013). Utiliza combinações matemáticas das imagens de modo a que a resolução mais elevada seja multiplicada por cada uma das imagens de resolução mais baixa e é considerada apreciável na produção de resultados de boa qualidade, (Rokni et al,. 2011).

2.8.1.3 Gram Schmidt (GS)

O objetivo da GS é minimizar a redundância nos dados, sendo uma das técnicas comuns na estatística multivariada (Rokni et al 2011). Trata-se de um método de transformação que utiliza os dados de maior resolução espacial para tornar mais nítidos os dados de menor resolução, simulando-os. Utiliza a resposta espetral de um determinado sensor para determinar o aspeto dos dados pancromáticos, ou seja, a forma como aparecem (Uttam et al., 2009).

2.8.1.4 Nitidez espetral de componentes principais (PCSS)

Este é também um outro método de nitidez pancromática semelhante ao Gram Schmidt, com apenas uma diferença subtil no seu resultado e na técnica diferente que utilizam. A principal diferença entre eles é que o Gram Schmidt utiliza a função de resposta espetral do sensor para determinar o aspeto da banda pancromática. As suas diferenças também podem ser vistas na sua informação espetral (perfil espetral), (ENVI 2008). Este método pode ser utilizado na compressão e edição de dados e, sobretudo, pode ser utilizado nas bandas multiespectrais para criar uma nova imagem que consiste na maioria, se não em toda a variância (Zhuang et al., 2011). No caso deste estudo, toda a variância estará contida na imagem porque as imagens são exatamente três em número.

2.9 Análise de componentes principais (PCA)

A análise de componentes principais é um meio multivariado de analisar dados, em que os resultados resultantes são explicados quantitativamente por muitas variáveis ligadas. O objetivo da PCA é extrair informação e apresentar um novo conjunto de variáveis chamadas componentes principais (Abdi e Williams 2010). Pode ser utilizada na aplicação de dados para extrair e maximizar a informação comum dentro das bandas espectrais e depois introduzir esses dados na primeira componente. As bandas dos componentes principais estão numa combinação que são originalmente não correlacionadas, com um meio de produzir resultados em que todas as variações interbanda estão contidas em todos os PCs (Rokni et al,. 2011).

2.10 Classificação

A classificação é o agrupamento dos pixéis de uma imagem em diferentes classes espectrais para desenvolver uma representação temática para posterior análise da imagem. A geração de mapas é normalmente uma aplicação comum na deteção remota que é obtida como resultado de técnicas de classificação de imagens, precisamente supervisionadas. Estas técnicas requerem a utilização de amostras de referência, denominadas locais de treino, que são recolhidas em locais próximos na mesma área (Demir et al., 2013). Os algoritmos de classificação supervisionada incluem a Máxima Verosimilhança, a Distância Mínima, o Paralelepípedo, a Máquina de Vectores de Suporte, etc. (Ge et al., 2012).

2.10.1 Máxima verosimilhança (ML)

A máxima verosimilhança assume que a distribuição espetral normal mais próxima para cada região de interesse e, em seguida, calcula a probabilidade de a amostra de treino selecionada pertencer a uma classe específica, considerando a variância e a covariância das assinaturas de classe enquanto atribui uma célula à classe entre as classes representadas no ficheiro de assinaturas (Rokni et al., 2011). De acordo com choodarathnara et al., 2012, o classificador de máxima verosimilhança calcula tanto a variância como a covariância dos padrões de resposta espetral da classe durante a classificação de um pixel desconhecido. O pressuposto explica que a distribuição do grupo de pontos do conjunto de treino da classe é gaussiana, o que faz com que o padrão de distribuição da classe seja explicado pela matriz covariante e pelo vetor médio.

2.10.2 Máquina de vetor de suporte (SVM)

O segundo método de classificação utilizado neste estudo é a máquina de vectores de apoio, que é um meio de separar classes através da determinação da localização dos limites de decisão (Pal e Foody, 2012). A principal intenção da classificação SVM é mapear dados multidimensionais num espaço dimensional superior constituído por um plano superior que pode separar os dados originais de forma linear (Baumann et al 2012).

2.11 Resumo e lacuna de investigação

Este capítulo apresentou um relato e as razões para um estudo mais aprofundado sobre a gestão de cheias. Destaca as principais contribuições para o estudo da gestão de desastres de cheias no país e o impacto destas cheias na área de estudo.

Os pontos fortes e fracos dos estudos anteriores foram apontados e as conclusões sugerem que as imagens de um único sensor já não são fiáveis para fornecer as informações completas necessárias, pelo que são necessárias abordagens de dados multissensoriais. Com base neste facto, muitos estudos concentraram-se na fusão de imagens ópticas e de radar, mas esta não parece ser uma solução porque as imagens ópticas têm as suas próprias desvantagens. Um exemplo é a incapacidade de funcionar em todas as condições climatéricas, tal como o radar, o que torna difícil a integração de ambos ou, mesmo que sejam integrados, existe a possibilidade de interrupções devido a problemas climatéricos.

A maioria dos estudos tem mostrado que a combinação de imagens dá uma imagem mais clara das caraterísticas, especialmente no radar, e o uso de imagens de sensor único tem mais problemas de distorção. Por conseguinte, este projeto de investigação centra-se na fusão de três imagens da mesma cena para encontrar possíveis soluções, a fim de contribuir para a prevenção de inundações e dos seus impactos desastrosos.

CAPÍTULO 3

METODOLOGIA

3.0 Descrição geral

Este capítulo descreve os tipos de dados utilizados, os respetivos estudos e a metodologia. Neste capítulo, a metodologia está dividida em área de estudo, aquisição de dados, pré-processamento, processamento e pós-processamento. A Figura 3.2 mostra o fluxograma da metodologia de investigação. A aquisição de dados descreve o tipo de dados, as fontes de onde foram obtidos e as suas caraterísticas específicas. A segunda parte é constituída pelos processos preliminares, que incluem principalmente correcções geométricas e radiométricas das imagens de satélite. A principal fase de processamento é a Análise de Componentes Principais (PCA) e a fusão de dados (utilizando os métodos de Gram Schmidt, transformação de Brovey, saturação e valor de Hue e nitidez espetral de componentes principais) que foram classificados e comparados para examinar a extensão das inundações na área de estudo. A classificação baseou-se no melhor resultado do PCA e nos resultados fundidos dos métodos de fusão e, finalmente, o mapa da extensão das inundações foi produzido utilizando o melhor resultado classificado selecionado. A Figura 3.8 mostra um quadro mais pormenorizado dos procedimentos de processamento.

3.1 Área de estudo

Este estudo abrange os dois estados mais a norte da Malásia peninsular, Kedah e Perlis. Estes estados foram extraídos das longitudes e latitudes 102015'00.0000E, 4000'00.0000N e 804671.30E, 0.00N (Figura 3.1).

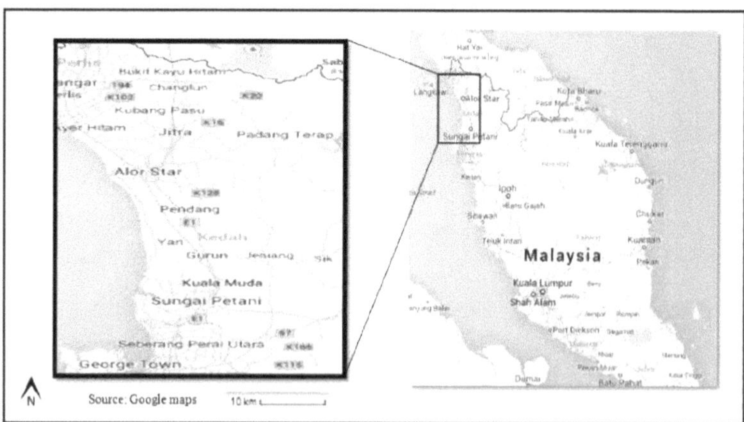

Figura 3.1: Área de estudo no Norte da Malásia Peninsular (Google Maps)

Perlis é um importante estado da Malásia, situado na costa norte, a sul da fronteira com a Tailândia, a norte. Abrange uma área de 795 km2 de terra, com uma população de 217 480 habitantes, o que o torna o mais pequeno estado do país. A temperatura anual em Perlis é de 21^0 c a 32^0 c, enquanto a precipitação média anual é de 2000ml a 2500ml.

Kedah é outro importante estado da Malásia, localizado na parte noroeste da Malásia peninsular, cobrindo uma área total de 9425 km2 e situa-se a sul de Perlis. Kedah é conhecido localmente como a bacia de arroz da Malásia, porque é o maior produtor de arroz do país. O quadro 1.1 mostra a distribuição das áreas de arroz na Malásia, sendo o número total de áreas de arroz irrigado mais elevado em Kedah, o que indica a importância de preservar a parte norte do país.

Tabela 3.1: Distribuição das áreas de arroz (Hectares)

State	Irrigated Areas	Non-Irrigated Areas*	Total
Perlis	22,039	3,648	25,687
Kedah	93,670	24,857	118,527
Pulau Pinang	14,895	225	15,120
Perak	49,029	4,225	53,284
Selangor	19,583	106	19,689
Negeri Sembilan	8,680	1,449	10,129
Melaka	6,183	3,435	9,618
Johor	3,055	746	3,801
Pahang	17,388	13,796	31,184
Terengganu	14,843	12,173	27,016
Kelantan	40,032	25,382	65,414
Sabah	17,163	33,639	50,802
Sarawak	15,136	153,076	168,212
Total	321,696	276,787	598,483

Fonte: Ministério da Agricultura

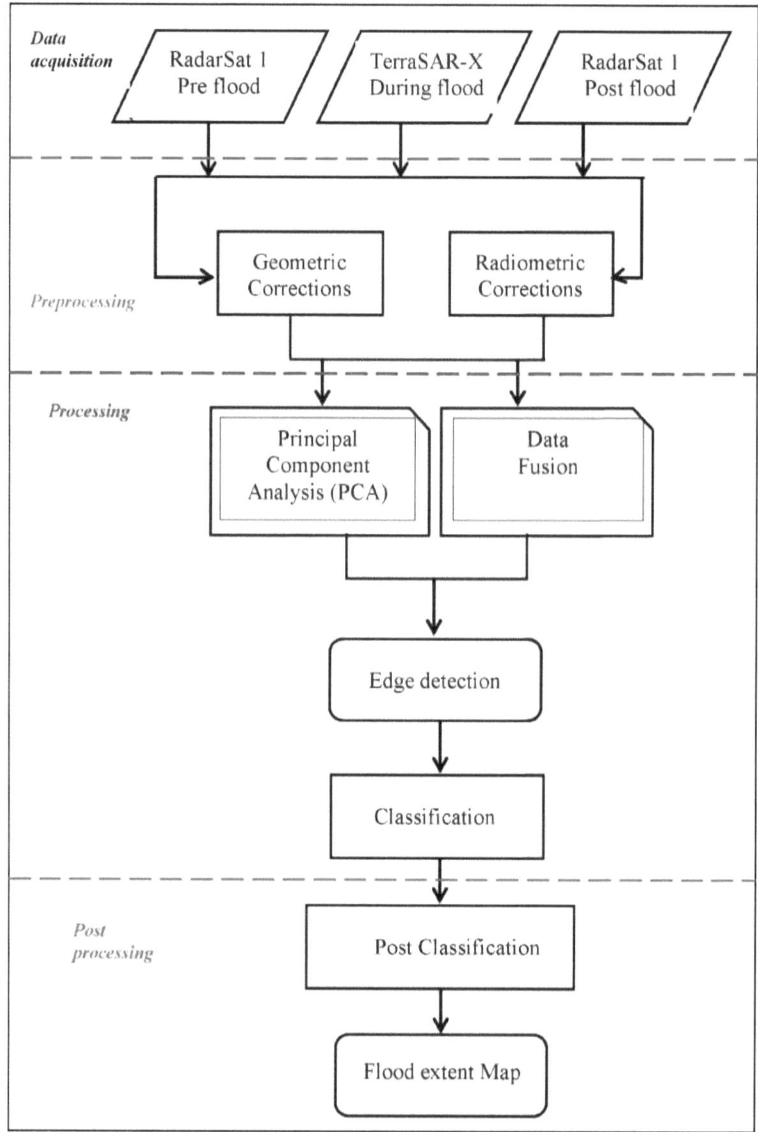

Figura 3.2: Fluxograma da metodologia de investigação

3.2 Aquisição de dados

As principais imagens de satélite utilizadas neste estudo de investigação incluem duas imagens RadarSat-1 dos períodos pré e pós-inundação na área de estudo, uma imagem TerraSAR-X do período de inundação, dados DEM e mapa de utilização do solo da área de estudo.

3.2.1 RadarSat 1

As imagens do RadarSat neste estudo têm ambas bandas únicas e uma resolução de 25 metros, mas o RadarSat pré-inundação tem uma órbita ascendente, enquanto o RadarSat pós-inundação tem uma órbita descendente. De acordo com Kridsakron et al., 2012, uma vantagem do RadarSat é a sua capacidade de captar nos modos descendente e ascendente durante o dia e a noite, respetivamente. Ambos têm projecções ortomórficas de inclinação rectificada e foram adquiridos à Agência Malaia de Deteção Remota. A Figura 3.3 mostra a imagem do RadarSat antes da inundação e a Figura 3.4 mostra a imagem do RadarSat depois da inundação.

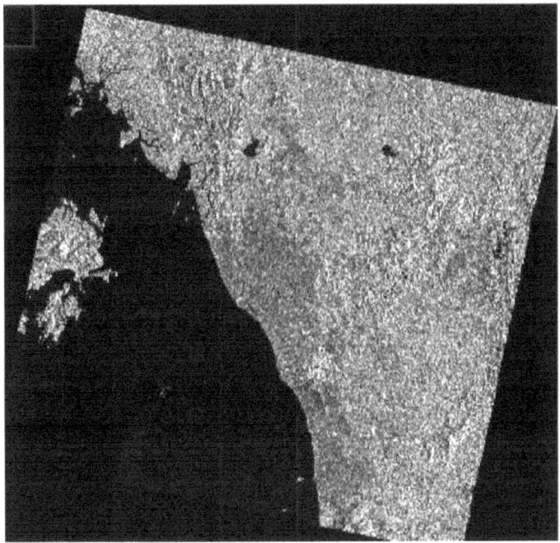

Figura 3.3: Imagem do RadarSat-1 antes da inundação

Figura 3.4: Imagem pós-inundação do RadarSat-1

3.2.2 TerraSAR-X

Neste estudo, a imagem TerraSAR-X utilizada tem uma única banda com 18 metros de resolução, capturada por uma órbita descendente. A imagem durante a inundação é mostrada na Figura 3.5 abaixo. A sua opção de dupla polarização é uma vantagem para ser utilizada neste estudo

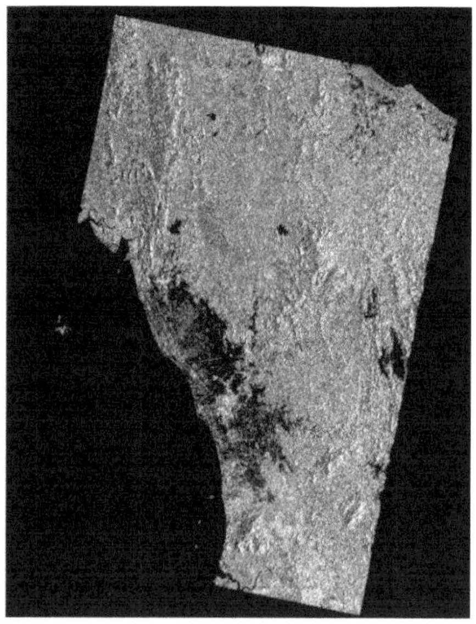

Figura 3.5: Imagem do TerraSAR-X durante a inundação

3.2.3 Modelo Digital de Elevação (DEM)

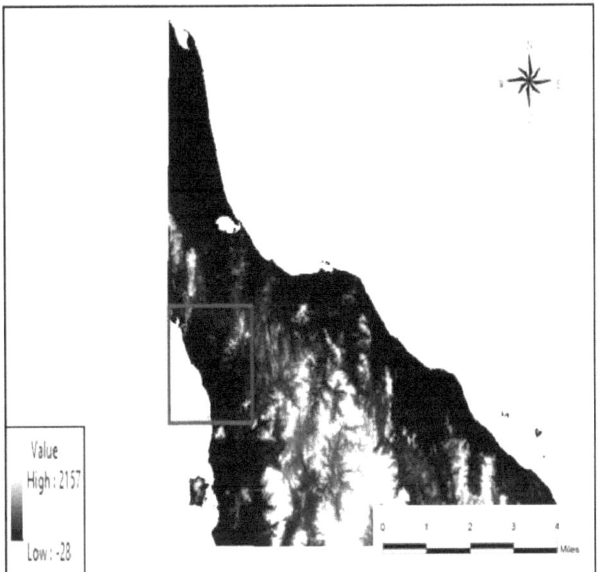

Figura 3.6: SRTM DEM da parte superior da Malásia Peninsular mostrando a área de estudo na caixa vermelha.

Os dados do DEM na Figura 3.6 foram descarregados do USGS/NASA, com uma resolução de 90 m, e utilizados neste estudo para identificar as áreas de menor elevação, que mostram as áreas mais baixas como os arrozais e as elevações mais altas com a maioria da borracha e da floresta. A cor no DEM indica que quanto maior a elevação, mais brilhante é a cor e as partes mais escuras são as áreas de menor elevação onde as inundações são provavelmente mais graves.

3.2.4 Mapa de utilização do solo

O mapa de utilização dos solos utilizado foi obtido junto do departamento agrícola, tendo sido reclassificado em zonas de arroz mais afectadas e zonas de arroz não afectadas menos afectadas, como mostra a Figura 3.7 da página 34.

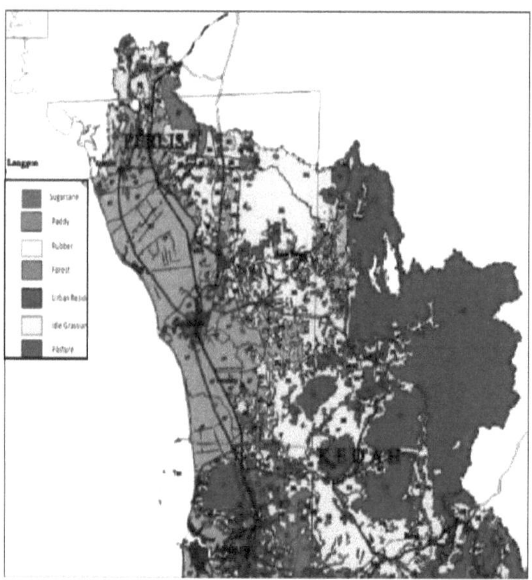

Figura 3.7: A área de estudo a vermelho no mapa de uso do solo redimensionado

3.3 Pré-processamento de imagens

O pré-processamento dos dados divide-se em três partes: em primeiro lugar, o empilhamento das camadas (combinação de dados); em segundo lugar, as correcções geométricas, o co-registo e a reamostragem; e, por último, as correcções radiométricas, através da correção do padrão da antena e da despeckling.

3.3.1 Correcções radiométricas (Correção do padrão da antena e despeckling)

Como resultado do padrão de ganho da antena comum no radar, as imagens têm tipicamente variações de ganho na direção oposta ao alcance, foi feita uma correção do padrão da antena nos conjuntos de dados para remover esses ganhos. A correção do padrão da antena foi efectuada como primeiro processo preparatório antes de as imagens serem filtradas utilizando um polinómio multiplicativo de ordem 1.

O filtro Lee e o filtro Frost foram utilizados para despeckle as imagens, suavizando o ruído utilizando uma variância de ruído predefinida de 0,2500 e um tamanho de filtro 3x3, mas o filtro Lee foi preferido em relação ao Frost devido ao melhor aspeto das arestas e utilizado para suavizar o ruído nas imagens que têm uma intensidade que está relacionada com as imagens com base em estatísticas, e preservou a nitidez da imagem enquanto reduzia o ruído.

3.3.2 Correcções geométricas (co-registo, reamostragem e empilhamento de camadas)

As correcções geométricas podem ser utilizadas de diferentes formas para retificar imagens de satélite, incluindo o registo imagem a imagem ou imagem a mapa utilizando pontos de controlo no solo (GCP). Neste estudo, o registo imagem a imagem foi utilizado para co-registar as imagens. Embora tenha sido efectuado um grande número de registos de imagens devido a diferenças nas dimensões espaciais. O registo imagem a imagem das imagens foi efectuado com um erro quadrático médio de 0,464514.

Os três conjuntos de dados de radar que cobrem a maior parte dos estados do norte da Malásia, ou seja, Kedah, Perlis, Perak e Penang, foram adquiridos em três períodos diferentes de março de 2010, novembro de 2010 e janeiro de 2011, representando períodos de antes, durante e depois das inundações. Os conjuntos de dados eram de sensores diferentes; por conseguinte, foram co-registados na mesma referência geográfica por registo imagem a imagem no ENVI 4.8, que é a projeção UTM zona 47 N e o datum WGS84.

O empilhamento de camadas foi efectuado através da criação de uma camada multibanda a partir das três imagens diferentes, que tinham tamanhos de pixel e extensão diferentes. As bandas de entrada individuais foram reamostradas utilizando o vizinho mais próximo para o mesmo tamanho de pixel, que é o tamanho de pixel do TerraSAR-X de maior resolução, que é de 18 metros. A banda de saída continha toda a extensão das três bandas, pelo que a área de estudo foi extraída da única extensão em que os três ficheiros se sobrepõem. A extensão sobreposta reduziu a área de cobertura aos Estados de Perlis e Kedah.

3.4 Processamento

Esta parte consiste na análise das componentes principais e na fusão de dados, tendo sido utilizados quatro métodos de fusão de dados, nomeadamente: Hue Saturation Value (HSV), Brovey Transformation (BT), Gram Schmidt Spectral Sharpening (GS) e Principal Component Spectral Sharpening (PCSS). A Figura 3.8 apresenta um quadro pormenorizado deste estudo de investigação. A razão para utilizar a PCA é comparar os resultados da sua classificação com os da fusão.

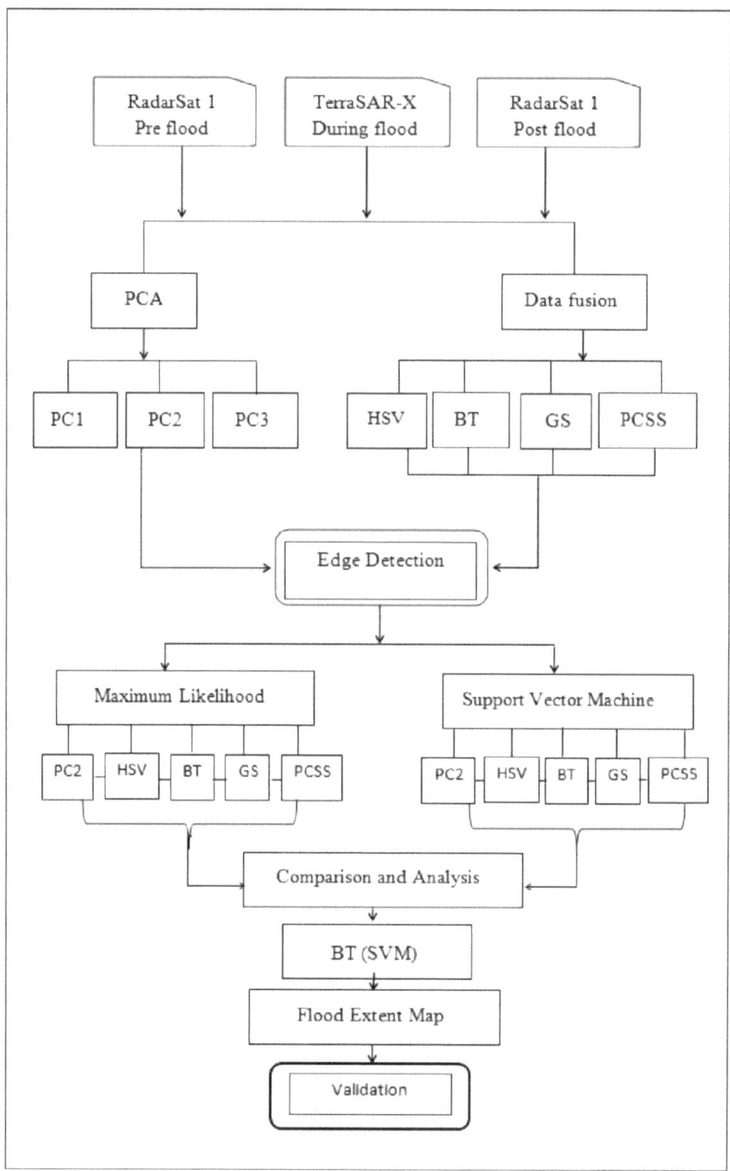

Figura 3.8: Estrutura das fases de processamento

Na Figura 3.8 acima, três imagens foram processadas utilizando PCA e a PC2 foi selecionada como a melhor e classificada utilizando a máxima verosimilhança (ML) e a máquina de vectores de apoio (SVM). O segundo método é a fusão das três imagens utilizando os métodos HSV, BT, GS e PCSS. Os resultados foram filtrados utilizando o filtro Laplaciano e cada método foi também classificado utilizando a máxima verosimilhança e a máquina de vectores de apoio. A melhor classe das quatro classes da imagem fundida foi comparada com o PC2 e, finalmente, a melhor foi utilizada para o mapa da extensão das inundações.

3.4.1 Análise de componentes principais (PCA)

A PCA foi utilizada neste estudo para extrair a componente principal com a informação espetral maximizada entre as três bandas. Estes componentes principais eram originalmente não correlacionados, mas após a realização da PCA, todas as correlações interbanda foram obtidas nos três novos componentes obtidos.

3.4.2 Fusão de dados

As imagens foram fundidas em combinação, a fim de obter informações mais fiáveis e interpretáveis. A fusão foi efectuada ao nível do pixel, utilizando os métodos descritos nas subsecções seguintes. Esta operação foi realizada com o objetivo de obter uma imagem mais realçada e nítida, melhorando as resoluções mais baixas.

3.4.3 Deteção de bordos

Neste estudo, foi utilizado o filtro de deteção de arestas Laplaciano, que é um filtro de convolução com um tamanho de filtro de 5x5, e foi utilizado porque as imagens envolvidas são imagens de radar. De acordo com o ENVI 2004, este tipo de filtro realça as arestas nas imagens SAR. Este filtro não direcional foi utilizado com um campo de adição de 90%. Foi aplicado às imagens fundidas com o objetivo de melhorar os limites das classes durante o processo de classificação.

3.4.4 Classificação

A classificação supervisionada é o tipo utilizado neste estudo, que envolveu a recolha de locais de treino denominados regiões de interesse (ROI). As ROI foram selecionadas em duas regiões: inundadas e não inundadas, a fim de determinar a extensão das inundações na área, independentemente do tipo de utilização do solo. A classificação foi baseada no melhor resultado da PCA, ou seja, o PC2, e depois em todos os resultados fundidos. Os dois tipos de classificação utilizados neste estudo são a Máxima Verosimilhança (ML) e a Máquina de Vectores de Suporte (SVM).

3.4.4.1 Máxima verosimilhança (ML)

A máxima verosimilhança (ML) foi utilizada para calcular a probabilidade de um pixel ocorrer numa de cada uma das duas classes (inundado e não inundado). Com base no pressuposto gaussiano da ML, ou seja, distribuição normal, cada pixel foi atribuído à classe em que tem maior probabilidade. A mesma região de interesse (ROI) foi utilizada em todos os resultados dos cinco métodos utilizados.

3.4.4.2 Máquina de vetor de suporte (SVM)

O SVM foi utilizado para classificar todos os resultados utilizando a mesma região de interesse (ROI). Separou as duas classes (inundadas e não inundadas) utilizando um intervalo como superfície determinada que dividia as classes com a maior diferença possível entre elas. As ROI foram então mapeadas para as classes previstas a que pertencem. O tipo de kernel utilizado neste algoritmo é a função de base radial com um valor de gama de 0,333. No caso de uma classificação incorrecta, foi utilizado o parâmetro de penalização (que permite uma classificação incorrecta até um determinado nível) de 100, porque era particularmente importante para as ROIs que não podem ser separadas.

3.5 Análise DEM

O DEM foi referido na fase final deste estudo para mostrar a extensão da inundação nas áreas mais baixas, assegurando assim o grau de precisão da nova extensão de inundação que foi formada. Os dados do DEM foram importantes para validar o mapa de resultados porque mostram especificamente a associação do valor de cada pixel com uma altura topográfica. O DEM desempenha um papel muito importante ao melhorar os resultados da análise (J. R. Sulebak, 2009).

3.6 Resumo

Esta sub-secção é um resumo das fases da metodologia descritas desde o início deste estudo até ao resultado final. O capítulo está dividido em quatro partes, que incluem a área de estudo, a aquisição de dados, o pré-processamento, o processamento e o pós-processamento. A primeira parte descreveu a área de estudo, incluindo estados, localização e importância. A segunda parte deste capítulo descreve os tipos de dados utilizados e as suas especificações, ou seja, as três imagens SAR utilizadas na realização deste estudo de investigação, que incluem a imagem TerraSAR-X durante a inundação, as imagens Radarsatlpre e pós-inundação, que cobrem a parte mais setentrional da Malásia peninsular, durante os períodos de 4 de março de 2010, 4 de novembro de 2010 (RadarSat pré e pós-inundação, respetivamente) e 10 de janeiro de 2011 (TerraSAR-X durante a inundação).

A terceira parte é o pré-processamento, que é anterior ao processamento, em que as imagens foram corrigidas geometricamente e radiometricamente através do co-registo das imagens na mesma projeção e da reamostragem para a mesma resolução espacial.

Aqui, a área de estudo foi extraída na extensão máxima da intersecção, a fim de obter informações apenas nessa parte. O padrão da antena foi corrigido para ter em conta as variações de ganho da antena e o ruído speckle foi reduzido por filtragem.

A parte de processamento envolveu os métodos de Análise de Componentes Principais (PCA) e fusão de dados. Os resultados da PCA PC1, PC2 e PC3 foram observados e a área que melhor mostrou as extensões de inundação foi selecionada, ou seja, a PC2. Os métodos de fusão de dados utilizados foram o Gram Schmidt (GS), o Principal Component Spectral Sharpening (PCSS), a Transformação de Brovey (BT) e o Hue Saturation Value (HSV). As três imagens foram fundidas e, em seguida, foi aplicado o filtro laplaciano para realçar os bordos da imagem para uma melhor classificação. Todos os resultados (PC2, GS, PCSS, BT e HSV) foram classificados utilizando a máxima verosimilhança (ML) e a máquina de vectores de apoio (SVM). A melhor saída (BT (SVM)) das saídas classificadas fundidas foi comparada com a PC2 (ML) e a PC2 (SVM). Finalmente, o BT (SVM) que produziu o melhor resultado foi analisado com referência ao DEM correspondente e foi produzido o mapa de extensão das inundações.

CAPÍTULO 4

RESULTADOS E DISCUSSÃO

4.0 Descrição geral

Este capítulo consiste nos resultados dos métodos de pré-processamento e pós-processamento de imagens que foram utilizados para atingir o objetivo deste projeto de investigação. Os resultados são elaborados nas subsecções deste capítulo e analisados.

4.1 Pré-processamento de imagens

As etapas de pré-processamento da imagem incluem o empilhamento de camadas, correcções radiométricas e geométricas. A primeira parte é a preparação de conjuntos de dados separados após a correção do padrão da antena, como se mostra nas Figuras 4.1, 4.2 e 4.3; cada imagem foi corrigida para a variação do ganho da antena. As imagens apresentavam uma maior uniformidade de brilho em comparação com os seus estados originais; isto eliminou algumas das tonalidades presentes que eram provavelmente causadas pela variação do ganho.

4.1.1 Correcções radiométricas

Os primeiros resultados do pré-processamento descritos neste capítulo são a correção do padrão da antena e a filtragem, porque são os pré-requisitos para a preparação das imagens para o co-registo. A correção do padrão da antena foi feita primeiro, antes da filtragem, e os resultados são apresentados nas Figuras 4.1, 4.2 e 4.3.

4.1.1.1 Correção do padrão da antena

Os resultados da correção do padrão da antena para as imagens são apresentados na Figura 4.1b. 4.2b e 4.3b, que o brilho nas imagens é mais uniforme do que nas imagens originais das figuras 4.1a, 4.2a e 4.3a. O objetivo da correção do padrão da antena é facilitar a interpretação, identificando áreas com o máximo de informação natural possível, reduzindo o efeito do ganho da antena. Por exemplo, na Figura 4.1a, a área realçada a vermelho tem locais escuros que parecem sombras, mas na Figura 4.1b, após a correção do padrão da antena, a área parece ser mais clara e plana.

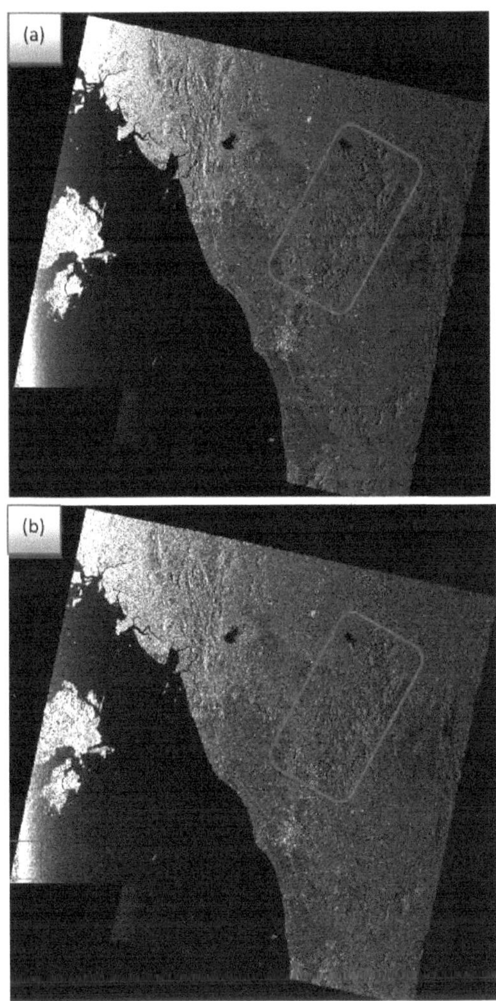

Figura 4.1: Imagem de pré-inundação do Radarsat 1 (a) antes da correção do padrão da antena e (b) após a correção do padrão da antena.

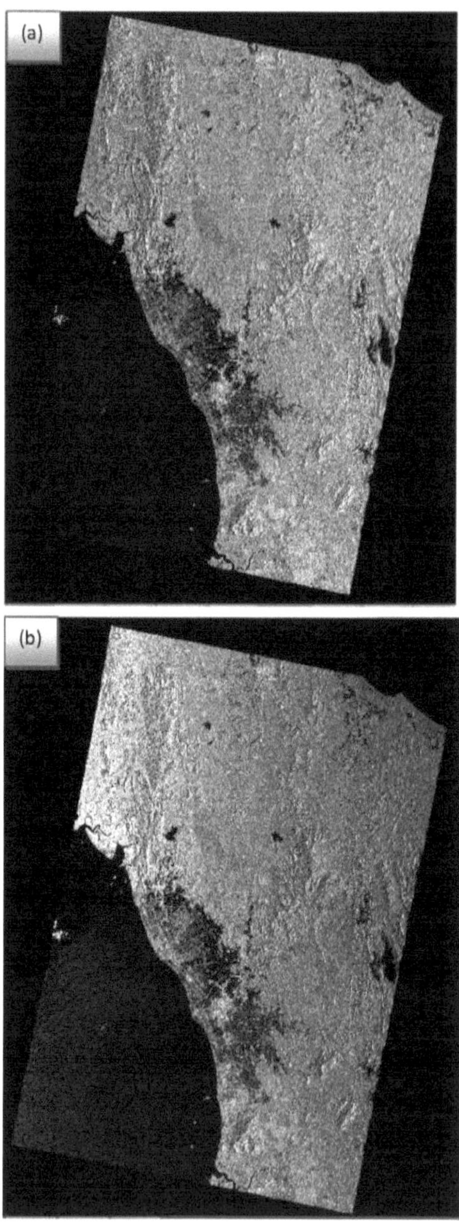

Figura 4.2: Imagem do TerraSAR-X durante a inundação (a) antes e (b) depois das correcções do padrão da antena.

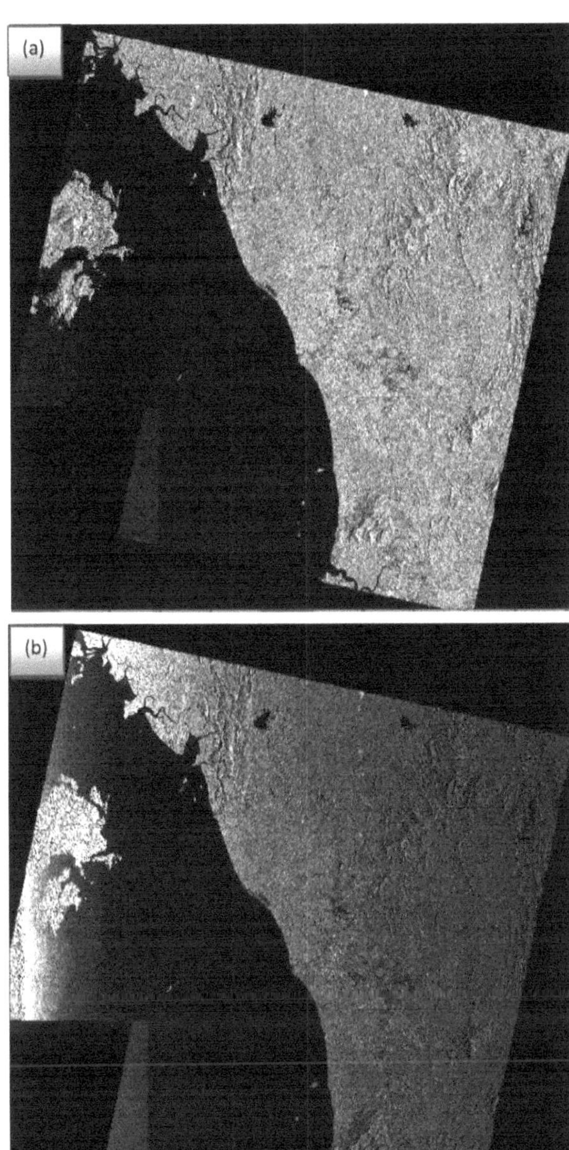

Figura 4.3: Imagem pós-inundação do Radarsat 1 (a) antes e (b) depois da correção do padrão da antena.

As figuras 4.4a, 4.4b e 4.4c mostram os gráficos de correção do padrão da antena, indicando os valores médios dos dados e os ajustes polinomiais. Foi utilizada a correção multiplicativa, uma vez que é tipicamente utilizada para radar, e foi utilizada a ordem polinomial mais baixa para as três imagens, de modo a não remover as variações locais no retrodifusão do sinal.

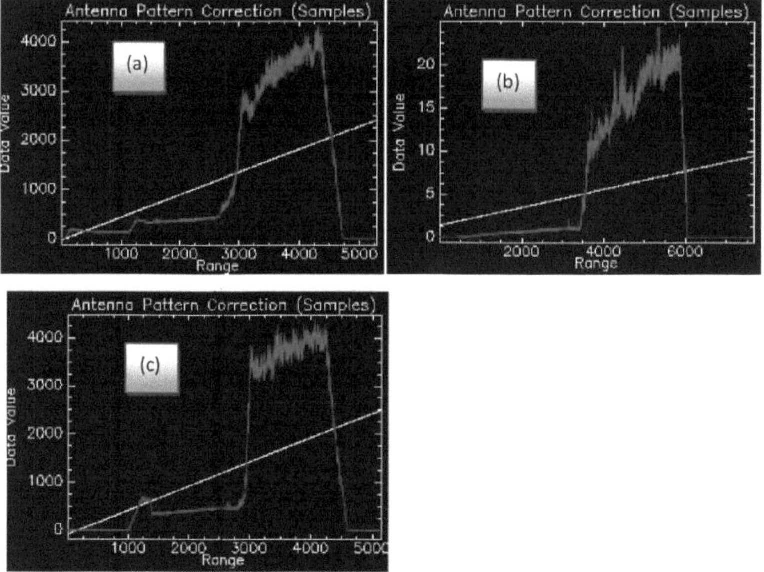

Figura 4.4 Gráficos de correção do padrão da antena do (a) Radarsat 1 antes da inundação (b) TerraSAR-X durante a inundação e (c) Radarsat após a inundação, mostrando os valores médios dos dados a vermelho e o ajuste polinomial selecionado a branco.

4.1.1.2 Despeckling

Os dois tipos de filtros utilizados foram os Filtros Lee e Frost, com o mesmo tamanho de filtro 3x3, mas o Filtro Lee foi selecionado porque as arestas da imagem pareciam mais claras em comparação com a imagem filtrada Frost. A Figura 4.5 (a-f) mostra o subconjunto de imagens da área de investigação - RadarSatl pré-inundação, TerraSAR-X durante a inundação e RadarSatl pós-inundação - filtradas com os filtros Lee e Frost, respetivamente.

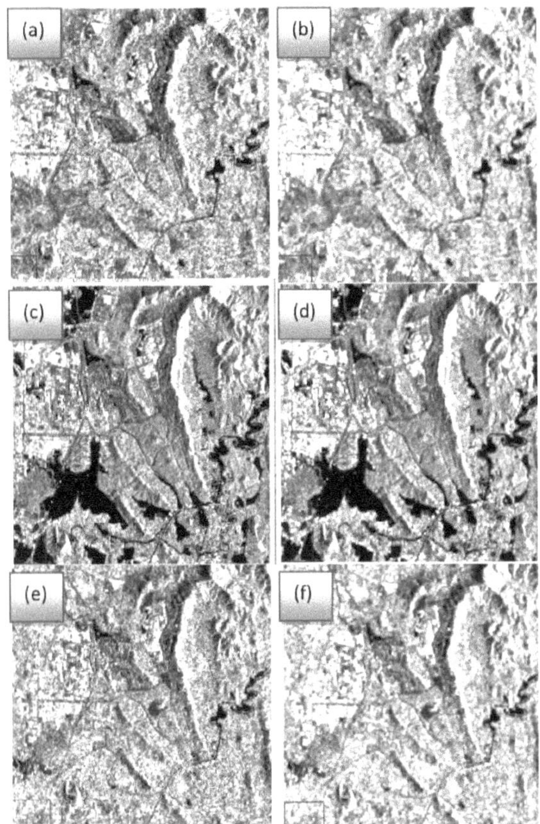

Figura 4.5: RadarSat 1 (a) Lee Filtered (b) Frost Filtered; TerraSAR-X (c) Lee Filtered (d) Frost Filtered; e RadarSat (e) Lee Filtered (f) Frost Filtered.

Na Figura 4.5 a, b, e c, as imagens Lee Filtered têm linhas mais nítidas que representam uma rede mais clara de provavelmente, estradas, caminhos-de-ferro ou canais e outros objectos. Embora a redução da mancha pareça ser melhor nas imagens filtradas por Frost, as arestas são mais visíveis na imagem filtrada por Lee. Isto mostra que, tendo em conta o objetivo deste estudo, ou seja, encontrar a extensão das inundações, é melhor selecionar o filtro Lee porque quanto melhor for a aparência das arestas e dos limites, melhor será a delimitação. Na Figura 4.5a, observa-se um maior número de redes em comparação com a Figura 4.5b. Da mesma forma, na Figura 4.5c, que é durante as cheias, o tom escuro mostra a presença de água e as arestas são mais distintas quando comparadas com a Figura 4.5d.

Outra razão pela qual o filtro Lee foi selecionado em vez do filtro Frost foi a necessidade de determinar o equilíbrio entre a redução do ruído e a perda de resolução espacial, que o primeiro satisfaz melhor do que o segundo.

As imagens filtradas pelo filtro Frost foram degradadas pela elevada retrodifusão, que provavelmente se deveu à rugosidade, de tal forma que a retrodifusão foi elevada a valores elevados (Mason 2010) e não pôde ser preservada espacialmente pelo filtro Frost. Após a aplicação do filtro, as estatísticas da imagem melhoraram com a diminuição da média e dos desvios-padrão, como mostra a tabela 4.1.

Tabela 4.1: Resultado estatístico do filtro lee das imagens originais

Satellite Images	Before lee filter				After lee filter			
	Min	Max	Mean	Standard deviation	Min	Max	Mean	Standard deviation
RadarSat 1 (Preflood	0	65535	5897	7923	0	62182	5892.7	7494
TerraSAR-X (During flood)	0	18877	80	97	0	17279	80.2637	93
RadarSat 1 (Post flood)	0	65535	5599	7886	0	62194	5595.58	7440

4.1.2 Correcções geométricas

Com base no co-registo, reamostragem e empilhamento, a figura 4.6 mostra o resultado geral com a extensão da área de estudo.

Figura 4.6: Extração da área de estudo

Na Figura 4.6 acima, as três imagens não se sobrepõem completamente devido aos seus diferentes tamanhos; por conseguinte, a caixa vermelha na figura mostra a extensão máxima de sobreposição entre as três imagens que pode ser utilizada para atingir os objectivos do estudo, que é fundir as três imagens na mesma área. Todas as outras extensões, para além da caixa vermelha, estão fora da área de estudo pretendida, pelo que os estados de Penang e Perak ficaram fora da área de estudo, deixando Perlis e Kedah.

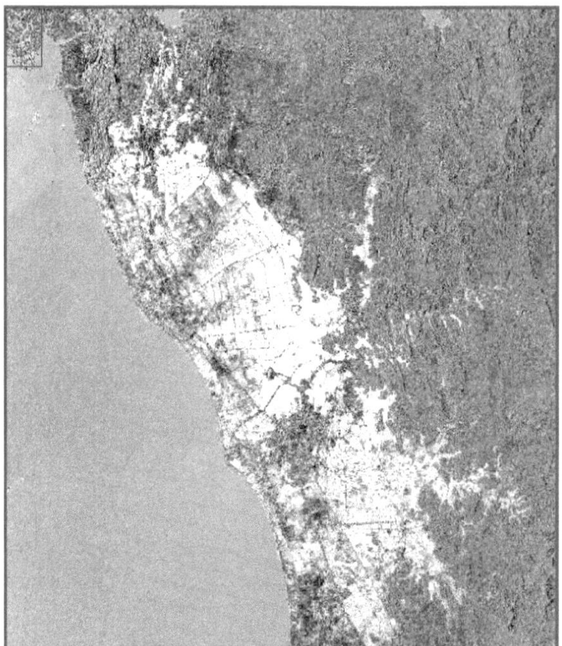

Figura 4.7: Áreas de estudo com nova amostragem.

Com referência às imagens originais antes de serem empilhadas, as áreas que anteriormente tinham tons escuros (o molhado e a água) aparecem agora como brancas na Figura 4.7, o que significa que as áreas brancas são agora as áreas que mostram a presença de água.

4.1.2.1 Subconjuntos de imagens originais

Foi efectuado um subconjunto dos conjuntos de dados originais de acordo com a dimensão da área de estudo, a fim de garantir que todos os dados têm a mesma dimensão ao longo do processamento. Os subconjuntos resultantes são apresentados nas figuras seguintes.

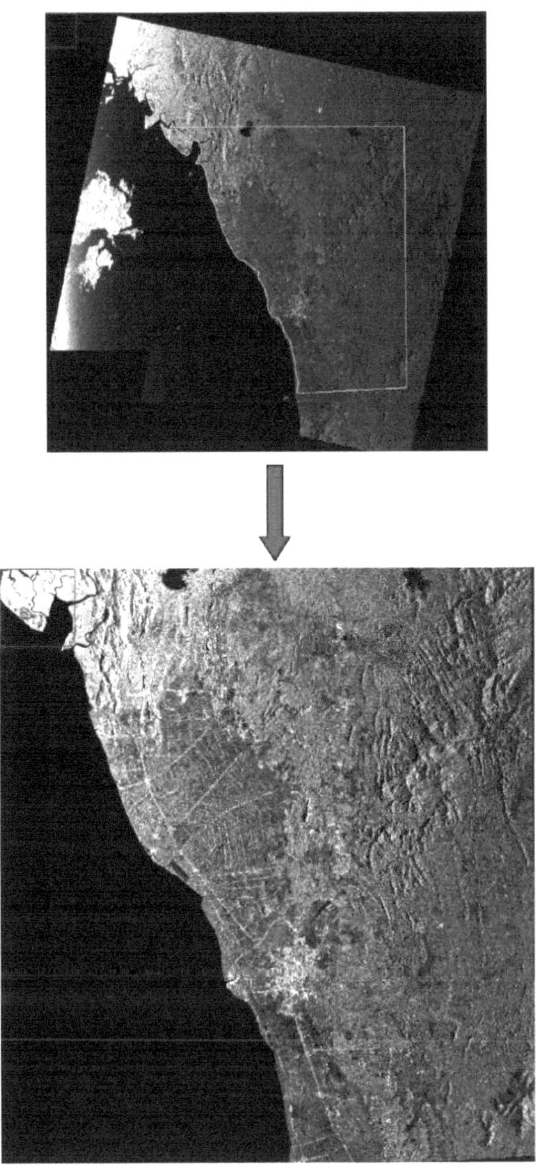

Figura 4.8: Subconjunto da imagem original do RadarSat 1 antes da inundação

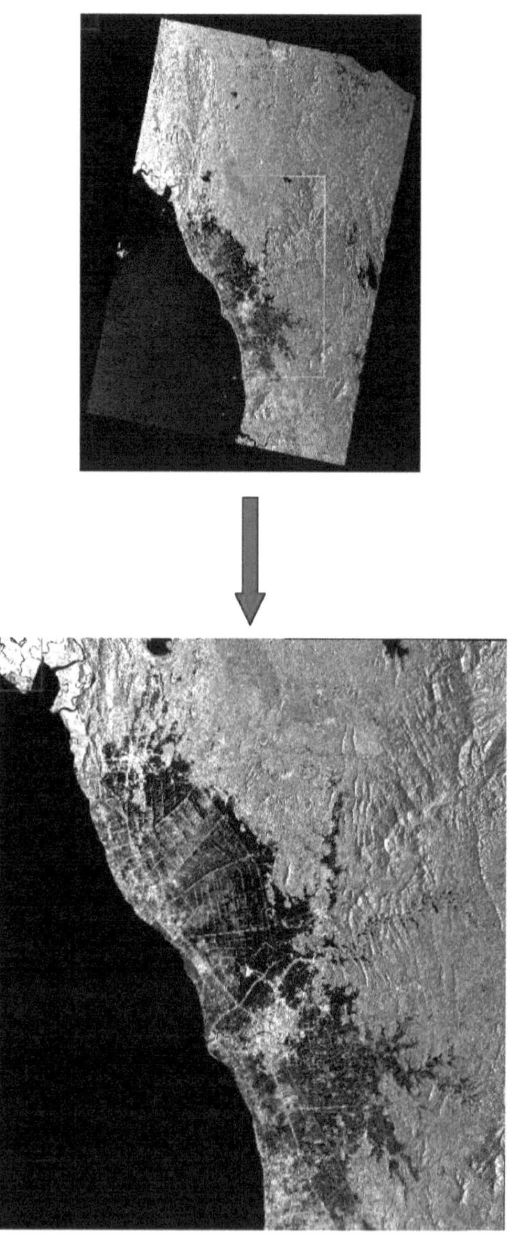

Figura 4.9: Subconjunto da imagem original do TerraSAR-X durante a inundação

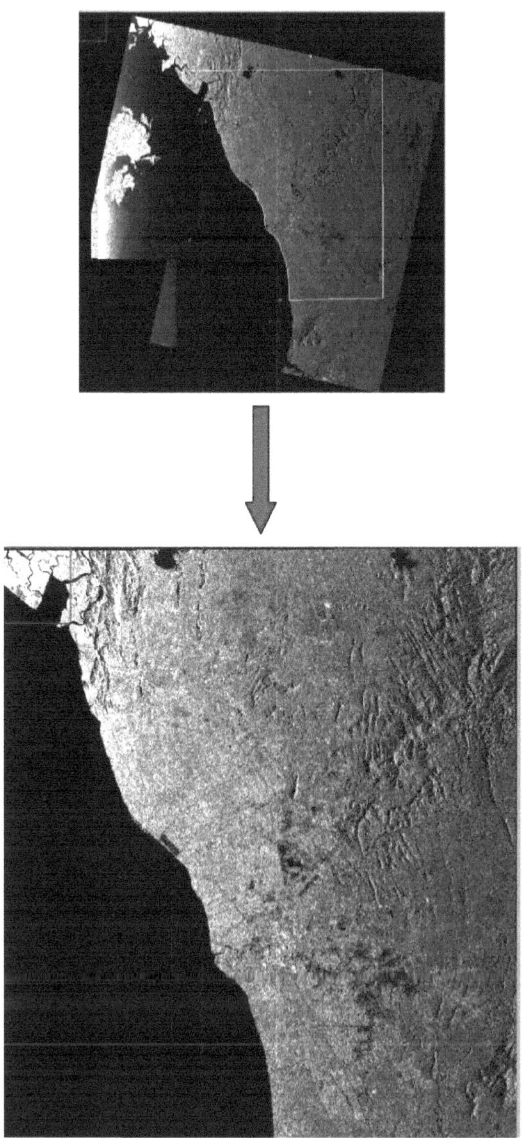

Figura 4.10: Subconjunto da imagem original do RadarSat 1 após a inundação

Os subconjuntos nas Figuras 4.8, 4.9 e 4.10 são de pré-inundação, durante a inundação e pós-inundação, respetivamente. Na Figura 4.8, o estado normal da área de estudo antes das cheias mostra que as partes mais escuras indicam humidade, nas partes mais a norte e noroeste, respetivamente, enquanto que as áreas que parecem mais brilhantes indicam maior retrodifusão, provavelmente devido à rugosidade. Por exemplo, o aglomerado brilhante na área sudoeste está ligado à rede de estradas em toda a área, descrevendo a existência de áreas residenciais ou construídas.

A Figura 4.9, por outro lado, mostra a condição dos períodos durante as cheias, onde as partes pretas mostram as áreas que estão inundadas. Com referência à Figura 4.8, todas as áreas na Figura 4.9 que eram de cor cinzenta escura, mas que se tornaram completamente pretas ou mudaram de cinzento mais claro para cinzento mais escuro, significam que as áreas foram afectadas pela inundação, podendo inferir-se que quanto mais escura a área, maior o efeito da inundação numa determinada área.

A condição pós-inundação na Figura 4.10 mostra que a área ficou seca após a inundação - as áreas visíveis na Figura 4.8 são menos visíveis ou desapareceram na Figura 4.10. Isto pode ser devido à perda da percentagem das constantes dieléctricas, como explicado no capítulo 2 (2.6.2.2), o que fez com que o efeito das áreas molhadas fosse maior nas Figuras 4.8 e 4.9.

4.2 Processamento de imagens

Esta subsecção apresenta e descreve o resultado das principais fases de processamento, que consistem na análise de componentes principais (PCA), na fusão de dados, na deteção de bordos e na classificação.

4.2.1 Análise de componentes principais (PCA)

Foram obtidas quatro saídas após a PCA, que incluíam o RGB de PC1PC2PC3 e as saídas separadas de PC1, PC2 e PC3. A Figura 4.11 mostra o RGB da PCA.

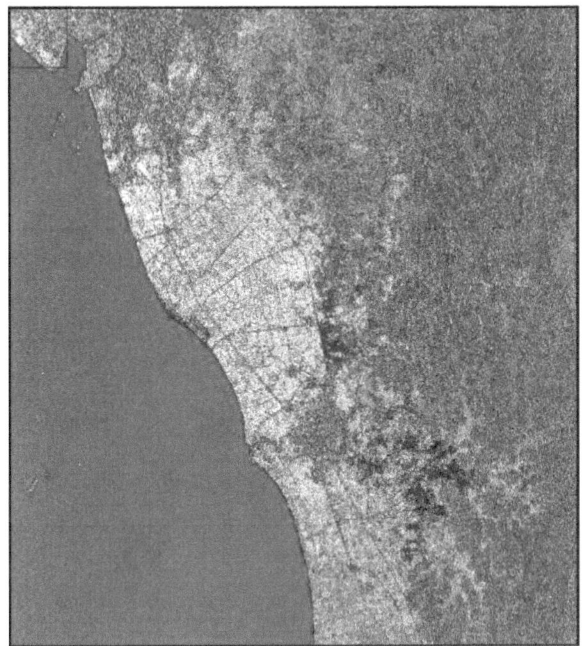

Figura 4.11: Saída RGB da PCA

A PCA na Figura 4.11 acima mostra visualmente que existem diferentes caraterísticas espectrais de diferentes objectos com diferentes respostas espectrais na imagem, o que mostra a evidência de diferentes tipos de utilização do solo. Comparando a Figura 4.11 com as Figuras 4.8, 4.9 e 4.10, pode dizer-se que a PCA tem mais informação, na Figura 4.11 do que as outras figuras, porque a área de cor púrpura na parte nordeste mostra que a informação nessa área é diferente das áreas húmidas próximas, como mostra a Figura 4.8, e também diferente da área inundada na Figura 4.9.

Idealmente, as três primeiras componentes principais têm a maior percentagem de variância dos dados em comparação com as outras variâncias, pelo que, neste caso em que as componentes principais são efetivamente três, toda a variância percentual está dentro das três componentes. Também entre as componentes principais, quanto mais elevada for a correlação entre as componentes principais, melhor, embora o nível seja muito importante, pelo que é melhor interpretar as componentes principais individualmente para determinar o grau de correlação entre as três componentes principais no que respeita aos resultados a seguir apresentados.

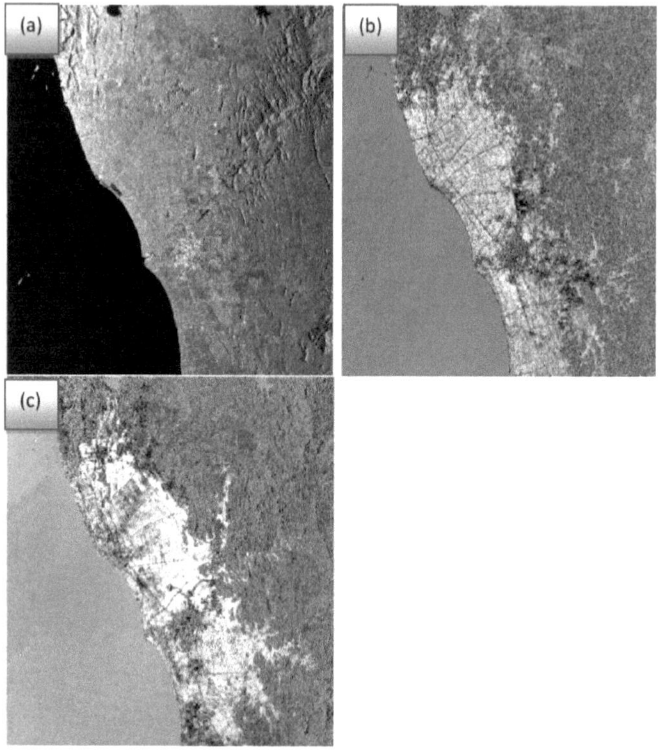

Figura 4.12: (a) PC1 (b) PC2 (c) PC3

Considera-se que os três primeiros componentes de uma análise de componentes principais têm uma grande variância de dados e muito menos ruído, mesmo entre os três primeiros componentes principais um é selecionado como o melhor com melhores caraterísticas de informação (Rokni et al., 2011). Neste caso, a PC2 foi selecionada como a melhor, porque se considerou que tinha uma correlação mais elevada ao dominar sobre a PC1 e a PC3 com mais informação sobre a extensão das áreas afectadas pelas cheias.

A cor branca na imagem PC2 que se estende para o interior indica as áreas que as inundações afectaram, mas quanto mais longe a inundação, menor o nível, na parte nordeste, isto pode ser o resultado de terras mais altas em comparação com as áreas onde a inundação é mais proeminente. O PC1 mostra menos informação sobre as extensões das cheias, porque mostra pouco ou nenhum elemento de humidade, nem mostra as áreas inundadas, exceto alguma parte do sudoeste da área de estudo que poderia ser uma área profunda ou uma área para aquacultura. Isto porque, mesmo na Figura 4.11, essa área específica tem uma assinatura espetral separada dentro das partes inundadas.

4.2.2 Imagens fundidas

Nesta secção, são apresentados os resultados da fusão dos quatro níveis baseados em pixels, ou seja, o resultado da fusão HSV, BT, GS e PCSS. Comparando visualmente os resultados, são quase iguais em termos de caraterísticas espectrais, com apenas uma diferença mínima. No que se refere às imagens originais, a maior parte da informação não é vista nas três imagens, ou seja, nos resultados da fusão, o que se deve às respostas espectrais dos objectos que são agora mostrados em compostos de cor.

4.2.2.1 Matiz, saturação e valor (HSV)

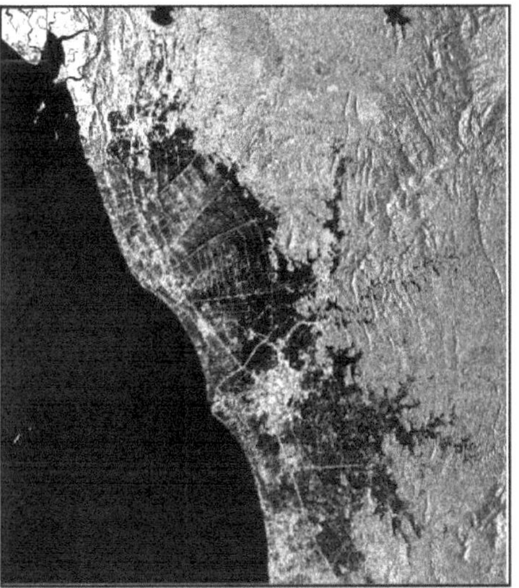

Figura 4.13: Saída HSV RGB

O resultado da fusão HSV, tal como apresentado na Figura 4.13, mostrou um maior contraste entre as diferentes partes da imagem, utilizando a tonalidade (atributo de cor pura), a saturação (o grau de pureza da cor) e o valor (a intensidade), que descreve o brilho ou a opacidade. A área inundada na Figura 4.13, comparada com a Figura 4.9 da imagem TerraSAR-X original (durante a inundação), mostra que a cobertura HSV da área é uma estimativa semelhante da área de cobertura original.

4.2.2.2 Brovey Transformation (BT)

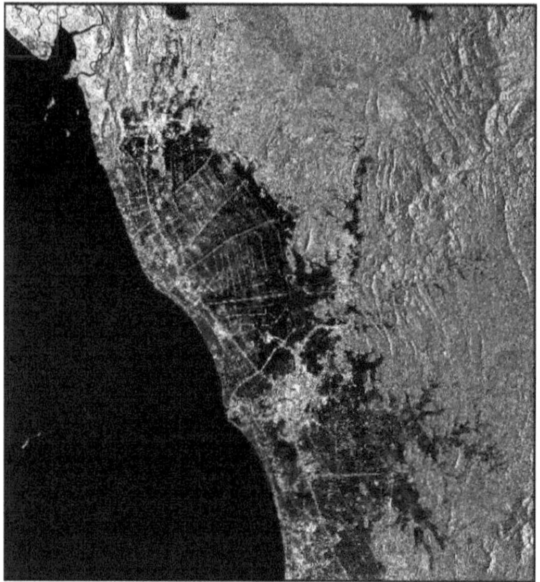

Figura 4.14: Saída RGB do Brovey

O resultado da BT é visualmente diferente dos outros métodos de fusão, uma vez que o brilho global da imagem é inferior ao dos outros resultados da fusão, o que, no entanto, dá uma visão apreciável da área inundada. Isto pode dever-se ao facto de a técnica BT alterar a radiometria da cena (Rohan et al., 2013), mostrando assim um maior contraste entre as áreas inundadas e não inundadas, e até mesmo compostos adicionais que podem resultar de diferenças entre as extensões e os efeitos das inundações. Observou-se também que a mudança na radiometria poderia ser a razão para uma menor retrodifusão dos vários objectos na imagem.

4.2.2.3 Gram Schmidt (GS) e Nitidez Espectral PC (PCSS)

Os resultados fundidos do Gram Schmidt e da Nitidez Espectral de Componentes Principais são semelhantes e difíceis de diferenciar, como mostra a Figura 4.15, exceto no que diz respeito às suas diferenças nas caraterísticas espectrais (ENVI 2008) e estatísticas, precisamente as diferenças entre a média e os desvios padrão.

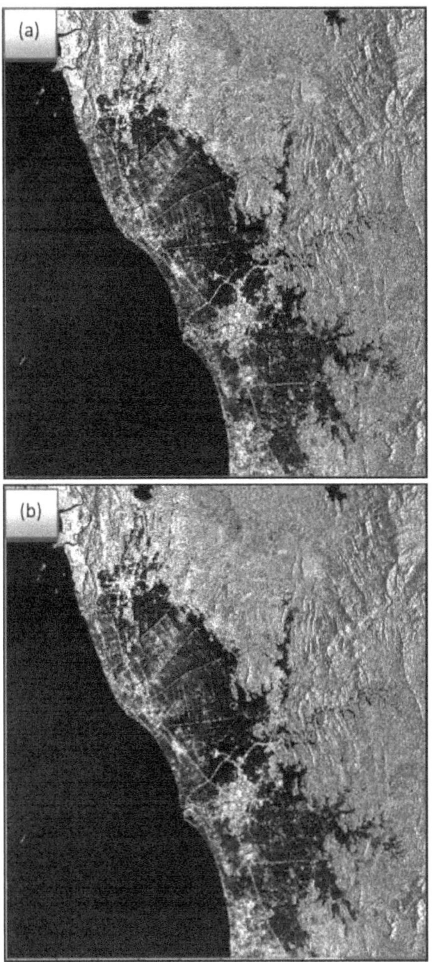

Figura 4.15: Saída RGB (a) Gram Schmidt (b) PCSS

À semelhança do HSV, o GS e o PCSS também têm composições de cores que indicam as diferentes caraterísticas espectrais dos objectos, tais como cores diferentes que representam objectos diferentes e misturas de cores diferentes que significam a mistura de diferentes objectos num só local, tais como usos mistos do solo. A principal diferença entre a Figura 4.15 e a 4.13 é que a cor azul na área sudoeste é uma indicação de informações apresentadas no GS e no PCSS que não podem ser vistas no HSV. Por outro lado, a cobertura da área inundada que pode ser vista no HSV não é clara tanto no GS como no PCSS.

4.2.3 Deteção de bordos

Após a conclusão da etapa de fusão no processamento, as imagens fundidas foram todas filtradas utilizando o filtro laplaciano não direcional, especificamente para melhorar as margens da imagem durante a classificação. O resultado do filtro foi observado nas estatísticas da imagem, como mostra a tabela 4.2 abaixo.

Tabela 4.2: Resultados estatísticos do filtro Laplaciano das imagens fundidas

| Fused Image | Band | Laplacian filter | | | |
| | | Before filter | | After filter | |
		Mean	Standard deviation	Mean	Standard deviation
HSV	1	89.25	71.82	82.64	63.36
	2	91.34	78.7	87.42	64.54
	3	87.75	72.17	81.51	63.07
BT	1	82.27	67.39	110.25	54.34
	2	0	0	253.26	7.97
	3	86.15	68.5	112.11	50.98
GS	1	88.81	64.16	93.39	58.01
	2	83.79	70.32	131.7	45.05
	3	90.42	63.57	97.13	56.35
PCSS	1	89.12	64.04	93.34	57.74
	2	83.81	70.44	132.96	44.97
	3	90.02	63.89	98.2	56.47

Na tabela 4.2 acima, as alterações nos valores aplicam-se separadamente a todas as bandas de uma imagem, com todas as imagens a registarem uma diminuição do desvio padrão, o que significa que existe uma melhoria após o filtro.

4.2.4 Classificação

Os resultados da classificação incluem a Máxima Verosimilhança (ML) e a Máquina de Vectores de Suporte (SVM) para cada uma das técnicas utilizadas, como se mostra na Figura 4.17, e foram ambos colocados em conjunto para comparação, de modo a que o melhor resultado global fosse utilizado para o mapa de extensão das inundações. Relativamente ao mapa de uso do solo na Figura 4.16, os principais constituintes foram estudados para facilitar a interpretação dos resultados da classificação, através da compreensão da topografia e dos tipos e distribuições de uso do solo na área de estudo. Os principais constituintes da área de estudo são o arroz e a borracha, que cobrem a maior parte da área, com uma parte constituída por plantações de cana-de-açúcar, principalmente a norte e a sul, e um número considerável de áreas residenciais que se encontram escassamente dispersas, mas ligadas por estradas e caminhos-de-ferro.

Estes usos do solo foram reclassificados em duas grandes partes diferentes na Figura 4.16, as que são destrutíveis pelas cheias são classificadas como as áreas baixas de arroz que consistem nas principais terras de arroz, as áreas residenciais, as estradas, os carris e as plantações de cana-de-açúcar. A outra classe no mapa reclassificado é principalmente a floresta e as borrachas (denominadas terras altas) que são menos susceptíveis de serem inundadas em comparação com as áreas baixas. O mapa de uso do solo reclassificado foi utilizado como referência para calcular a exatidão de todos os resultados da classificação de imagens.

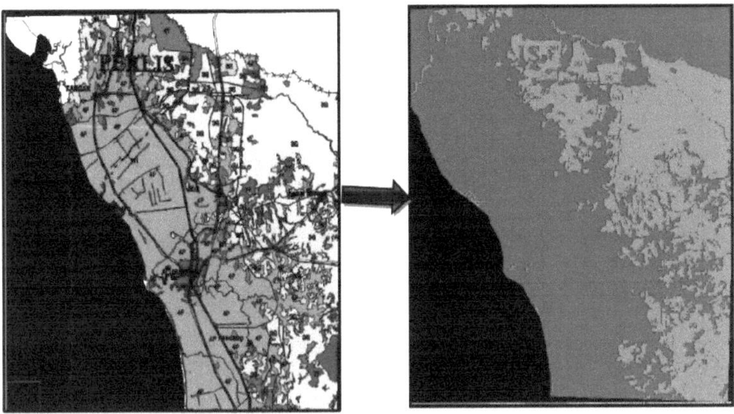

Figura 4.16: Mapa de uso do solo reclassificado

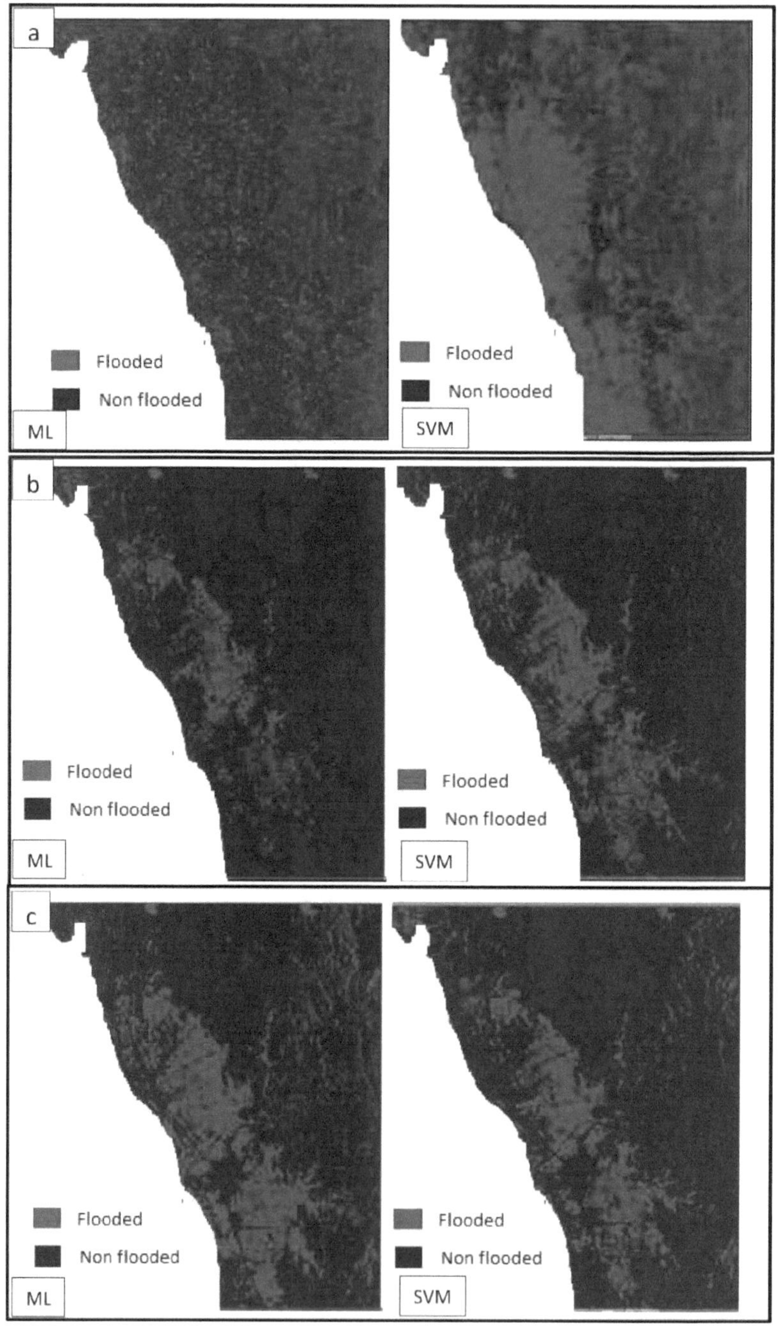

a
Flooded
Non flooded
ML
Flooded
Non flooded
SVM
b
Flooded
Non flooded
ML
Flooded
Non flooded
SVM
c
Flooded
Non flooded
ML
Flooded
Non flooded
SVM

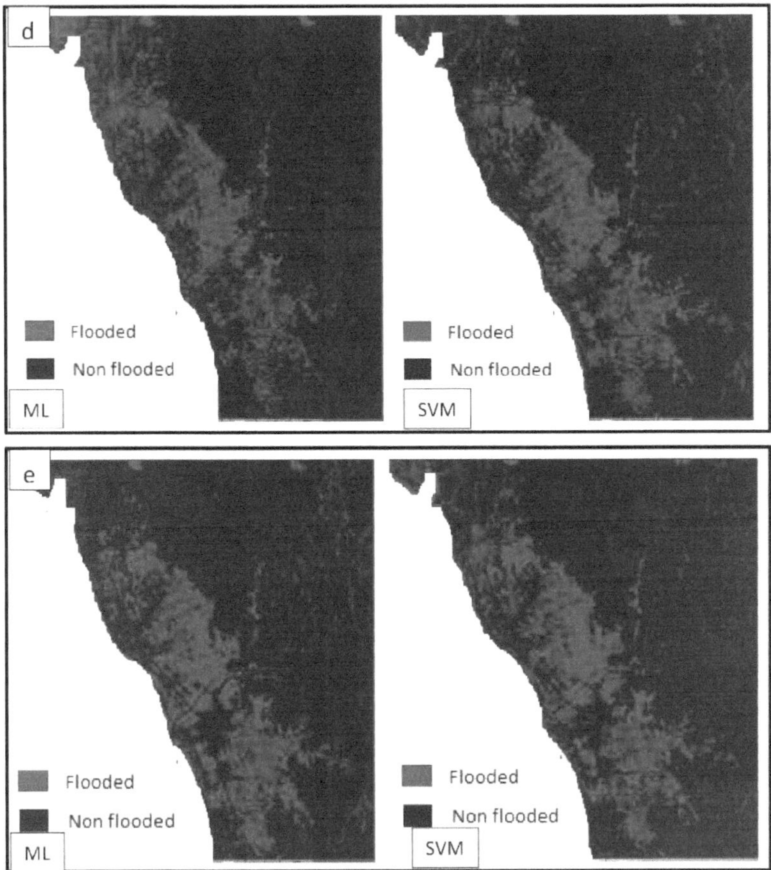

Figura 4.17: Resultados da classificação da Máxima Verosimilhança e da Máquina de Vectores de Suporte (a) PC2-ML e PC2-SVM (b) GS-ML e GS-SVM (c) BT-ML e BT-SVM (d) PCSS-ML e PCSS-SVM (e) HSV-ML e HSV-SVM

4.2.4.1 Comparação e análise

Com base nos resultados da classificação, a Figura 4.17a mostra que tanto o PC-ML como o PC2-SVM estão sobreclassificados, classificando quase toda a área de arroz como inundada, estendendo-se ainda mais no PC2-SVM e incluindo as áreas de borracha e floresta. Isso difere dos outros resultados classificados que estão mais relacionados entre si em termos de cobertura de área comum em cada classe. Na Figura 4.17 (e) HSV-ML e HSV-SVM (d) PCSS-ML e PCSS-SVM (c) BT-ML e (b) GS-SVM classificaram a maior parte da costa oeste como inundada, o que é contrário à imagem original do TerraSAR-X durante a inundação, que mostra essa parte como área não inundada, mas na Figura 4.17 (b) GS-ML e (c) BT-SVM, as áreas classificadas estão mais próximas em extensão ao longo da costa. Em suma, o HSV-ML e o HSV-SVM, o PC2-ML e o PC2-SVM, o GS-SVM, o BT-ML e o PCSS-ML classificaram demasiado bem o arroz em termos de extensão da inundação.

O mapa de uso do solo reclassificado foi utilizado como referência para testar a exatidão de todos os resultados classificados na Figura 4.17 a-e. A Tabela 4.3 mostra a exatidão global e os coeficientes kappa de todos os métodos utilizados neste estudo.

Tabela 4.3: Resultados da avaliação da exatidão

Fusion technique	Maximum likelihood		Support Vector Machine	
	Overall accuracy (%)	Kappa coefficients	Overall accuracy (%)	Kappa Coefficient
PCSS	65.5978	0.2878	70.4047	0.3321
Gram Schmidt (GS)	68.0616	0.3186	70.4041	0.3340
Hue Saturation Value (HSV)	69.7889	0.3012	70.4606	0.3418
Brovey Transformation (BT)	70.1478	0.3179	70.9615	0.3280
Principal Component Analysis (PC2)	68.032	0.3201	68.9543	0.3018

Com base na análise da exatidão utilizando a matriz de confusão, o quadro 4.3 apresenta todas as exactidões globais e os coeficientes kappa para todas as técnicas utilizadas. De acordo com os resultados, as exactidões são muito próximas em termos de valores, não havendo grande diferença entre as suas exactidões percentuais globais e o coeficiente kappa. A BT tem a precisão mais elevada, com uma precisão global de 70,9606% e um coeficiente kappa de 0,3280 para a SVM e uma precisão percentual de 70,1478% e um coeficiente kappa de 0,3179 para a máxima verosimilhança.

De um modo geral, de todos os métodos utilizados neste estudo, o PC2 mostrou extensões mais claras da inundação, como se pode ver na Figura 4.12b, antes da classificação. Contrariamente a isto, foi o que apresentou menor precisão, tanto visualmente como na avaliação da precisão, com uma precisão de aproximadamente 68%, tanto na Máxima Verosimilhança como na Máquina de Vectores de Suporte, como se pode ver na Tabela 4.2. O PC1 e o PC3 não apresentaram a mesma extensão que o PC2, pelo que o PC2 foi selecionado para processamento posterior. Além disso, os três PCs não diferenciaram entre o arroz inundado e o não inundado. Por outro lado, a saída do HSV fundido na figura 4.13 e o BT na figura 4.14 não mostraram as extensões como no PC2 (figura 4.12), mas mostraram delineações mais claras entre os arrozais inundados e não inundados, além disso, as extensões são mostradas, mas não tão claras como no PC2. O GS e o PCSS na Figura 4.15a e b, respetivamente, são exatamente os mesmos, mas diferem nas suas caraterísticas espectrais, como se mostra na tabela 4.2.

4.2.5 Mapa da extensão das inundações

Ao produzir o mapa de extensão de inundação, o mapa de uso da terra mostrou que a parte branca na área norte estava do outro lado da fronteira do país, portanto foi mascarada para tornar o mapa mais relevante para a área de estudo, como mostrado na Figura 4.18. Após a remoção da área do outro lado da fronteira (sul da Tailândia), o mapa de extensão das inundações foi finalmente produzido.

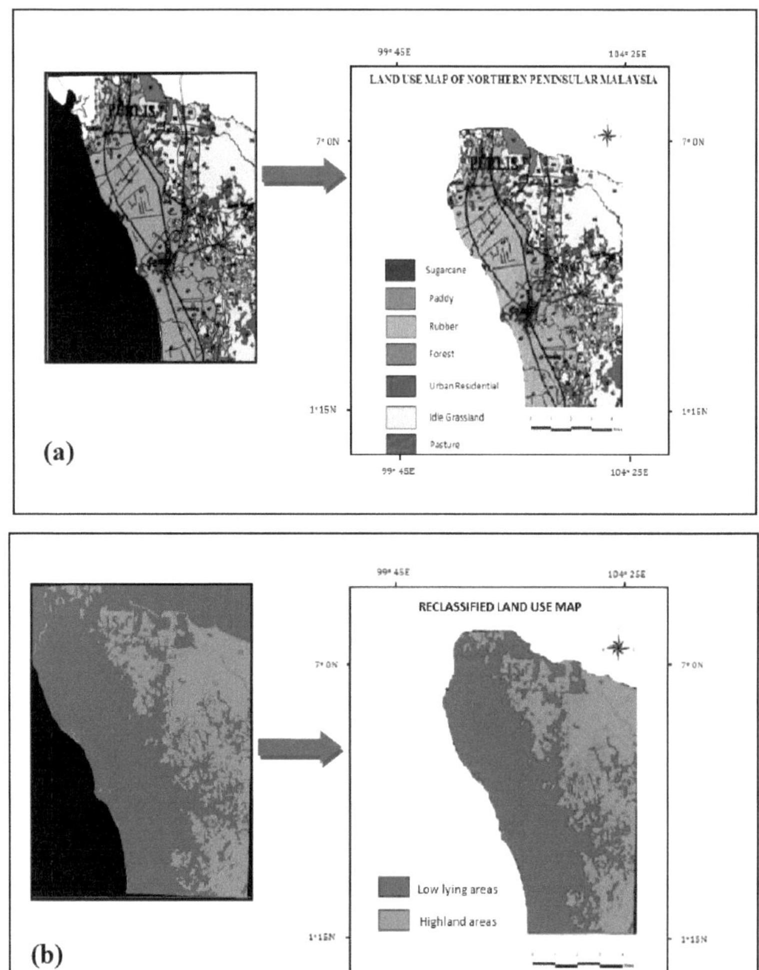

Figura 4.18: (a) mapa de uso do solo (b) mapa de uso do solo reclassificado

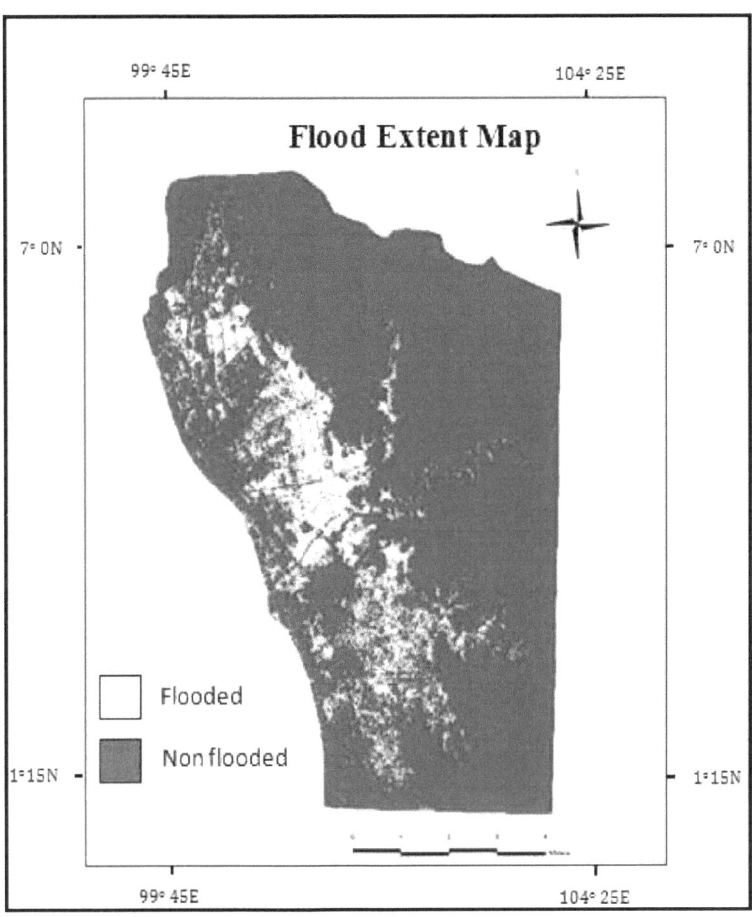

Figura 4.19: Mapa da extensão das inundações

O mapa de extensão das inundações na Figura 4.19 mostra as áreas que as inundações afectam, sendo as áreas a branco as extensões das inundações; outras áreas não são tão afectadas como as partes brancas. O grau de efeito das zonas afectadas varia entre as zonas muito brancas, que são as mais afectadas, e as zonas roxas, que não são afectadas. Mesmo nas zonas inundadas, o grau do efeito é denotado pela intensidade da cor, ou seja, quanto mais branca for a zona, mais inundada está e maior é o efeito. A diferença é que, as áreas mais brancas são as áreas mais baixas, o que é justificado no mapa DEM na Figura 4.20. As zonas que não são inundadas são as zonas de maior altitude, constituídas maioritariamente por plantações de borracha e florestas, sendo pouco provável que estas zonas sintam os efeitos das inundações, uma vez que estes são sentidos pelas zonas mais baixas. Como o país possui uma importante área de arroz, o efeito das inundações afectará quase todo o país.

As áreas ao longo da costa e dentro dos arrozais que não são inundadas, apesar de estarem situadas em zonas baixas muito propensas a inundações, tendem a ser protegidas pelas estradas e carris que normalmente são construídos a alturas razoáveis. Outras razões pelas quais as zonas inundadas não afectam as costas extremas podem ser os diques. Nalguns casos, algumas das fileiras de arroz são mais altas do que outras, pelo que, definitivamente, as que se encontram na zona mais baixa tendem a ser inundadas ou a sofrer os efeitos das cheias mais do que as que se encontram nas zonas mais altas.

4.3 Análise do Modelo Digital de Elevação (DEM)

O objetivo do DEM nesta secção é ajudar a justificar o mapa da extensão das cheias, mostrando as áreas baixas como as áreas cobertas por arroz e as elevações elevadas como as partes que não estão inundadas. A Figura 4.20 mostra o mapa DEM com a maior elevação a branco e escurece com a diminuição da elevação. As partes mais escuras ocorrem na área onde o mapa de extensão das cheias mostra as áreas mais inundadas na Figura 4.19.

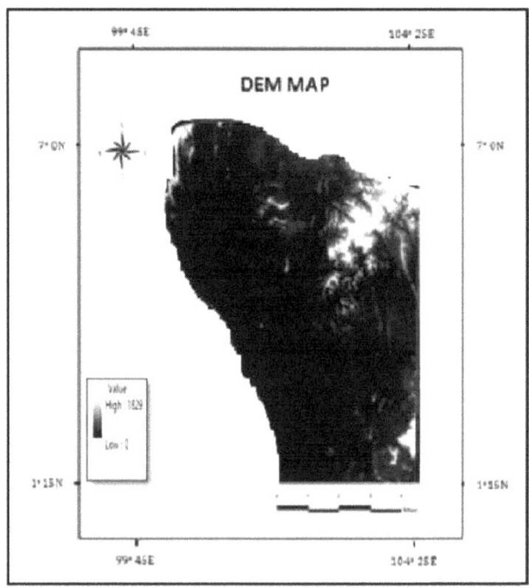

Figura 4.20: Mapa DEM

4.4 Resumo

Este capítulo apresentou, discutiu e analisou os resultados do pré-processamento, processamento e pós-processamento efectuados neste estudo de investigação. No pré-processamento, todos os dados foram corrigidos geometricamente e radiometricamente, e a área de estudo foi extraída.

O processamento envolveu a análise de componentes principais (PCA) e a fusão de dados. Para a PCA, foram obtidas as três componentes principais PC1, PC2 e PC3, sendo a PC2 a componente preferida. A fusão dos três RadarSat 1 Pré-inundação, TerraSAR-X durante a inundação e RadarSat após a inundação foi efectuada utilizando os métodos Hue Saturation and Value (HSV), Brovey Transformation (BT), Gram Schmidt (GS) e Principal Component Spectral Sharpening (PCSS). Os métodos PC2, HSV, BT, GS e PCSS foram todos classificados utilizando a máxima verosimilhança (ML) e a máquina de vectores de apoio (SVM). Os resultados foram comparados e analisados, sendo que o BT teve a maior precisão global e foi, por isso, utilizado para o mapa da extensão das inundações.

Para o pós-processamento, o mapa DEM foi utilizado para justificar as áreas inundadas como a área baixa que consistia principalmente em campos de arroz e uma baixa população de residências e outros usos da terra que são escassamente povoados. As áreas de maior altitude consistem principalmente em borracha e algumas partes de floresta.

O mapa final da extensão da inundação mostrou as áreas inundadas, as não inundadas e as áreas que se espera que surjam mais durante a inundação, ou seja, as áreas baixas que têm maior intensidade, e as partes mais elevadas que podem escapar ao efeito da inundação ou mesmo acabar por transferir as inundações para as áreas mais baixas. Este tipo de informação é muito importante para o governo e para as agências de gestão das cheias no planeamento. Podem utilizar esta informação para determinar em que área devem ser tomadas as maiores e mais rápidas precauções ou mesmo evitar perdas através da criação de programas de sensibilização para o esclarecimento do público, o que pode prevenir as pessoas das consequências das cheias.

CAPÍTULO 5

CONCLUSÕES E RECOMENDAÇÕES

5.0 Descrição geral

Os efeitos das cheias, o seu impacto e os sistemas de gestão foram todos discutidos neste estudo de investigação. A recorrência de cheias requer uma produção extensiva de mapas, mas de acordo com a maioria da literatura, é mais vantajoso fundir imagens multi-sensoriais. A fusão de radar e ótica é muito comum, mas não é totalmente fiável no que diz respeito à extração de informação, o que resulta da conjugação do radar com a ótica. O estudo investigou a utilização de diferentes métodos de fusão de imagens ao nível do pixel, nomeadamente o Hue Saturation Value (HSV), a Brovey Transformation (BT), o Gram Schmidt (GS) e o Principal Component Spectral Sharpening (PCSS). O outro método utilizado foi a análise das componentes principais (PCA). Finalmente, foi produzido o mapa de extensão da inundação

5.1 Conclusão

Com base neste estudo, foram tiradas as seguintes conclusões:

O primeiro objetivo deste estudo foi alcançado através da fusão bem sucedida de imagens RadarSat e TerraSAR-X, que melhorou a delimitação entre as áreas inundadas e não inundadas. Com base na comparação do método PC2 e do método BT, pode deduzir-se que a classificação da imagem fundida é melhor quando comparada com a do PCA, mostrando a extensão da inundação e o grau de efeito. A classificação das imagens fundidas tornou a informação nas imagens SAR originais mais proeminente após o processamento. Assim, pode concluir-se que a fusão de imagens RadarSat e TerraSAR-X pode melhorar a classificação.

Com base nos resultados da pós-classificação, o segundo objetivo, que consistia em determinar a melhor técnica de fusão, foi alcançado após as classificações e a comparação dos cinco métodos de fusão de imagens. Todos os métodos apresentaram diferentes níveis de exatidão, tanto na classificação por Máxima Verosimilhança como na classificação por Máquina de Vectores de Apoio, tendo o método BT apresentado a maior exatidão global de 70,9606% e um coeficiente kappa de 0,3280. Assim, a BT é a melhor técnica para cartografar as extensões de inundação na área de estudo.

A ocorrência de cheias nesta parte do país pode dever-se tanto a factores naturais como antropogénicos. Naturalmente, a topografia da área de estudo é irregular, as diferenças de elevação podem ser vistas no mapa DEM (Figura 4.20) no capítulo anterior. Estas diferenças podem ser uma razão para a ocorrência de cheias porque toda a água que flui dos rios e ribeiros superiores é acumulada a jusante nas áreas de captação mais baixas. À medida que estas bacias recebem mais e mais água dos rios superiores, a água torna-se tão grande que excede a capacidade de carga da bacia hidrográfica e, consequentemente, transforma-se em inundações e destrói vidas humanas e propriedades.

As inundações também ocorrem em resultado de factores antropogénicos. Os seres humanos aumentam o risco de inundações através de processos como a urbanização, a desflorestação e vários outros factores. A urbanização levou ao desenvolvimento de cidades e vilas com superfícies impermeáveis, pelo que a incapacidade de penetração da água faz com que esta flua à superfície sob a forma de cheias. Esta área de estudo está a crescer devido aos recursos naturais, como a borracha e o arroz para madeira e exportação, respetivamente, que são razões para a urbanização. A desflorestação é também uma das principais causas das cheias porque expõe o solo e a terra coberta ao escoamento superficial e à erosão. Isto reduz a quantidade de água interceptada e, consequentemente, provoca inundações. Estes podem ser alguns dos problemas que levaram à inundação na zona. Um exemplo são as indústrias madeireiras na área de estudo, dentro das plantações de borracha, que podem ser uma das principais razões para a desflorestação nessa área.

De um modo geral, pode concluir-se que o mapa da extensão das inundações contém informações relevantes sobre as inundações no norte da Malásia peninsular que podem ajudar o governo e as agências de gestão das inundações na previsão, planeamento e alerta. A informação sobre as áreas mais afectadas ajudará na distribuição de ajuda e socorro a essas áreas onde é necessária ajuda imediata. Além disso, o conhecimento das zonas de alto risco pode ajudar as agências a reduzir o risco através da adoção de leis que desencorajem as pessoas que se instalam nas zonas propensas a inundações.

5.2 Recomendações

Durante a realização deste projeto de investigação, foram encontradas algumas limitações num número considerável de vezes. Com base neste facto, são sugeridas algumas recomendações para trabalhos de investigação futuros. Isto pode ajudar a ultrapassar as limitações.

A utilização de imagens SAR simples é bastante difícil, pelo que se recomenda a utilização de imagens SAR com dados de bandas múltiplas para um processamento melhor e mais fácil. Isto deve-se ao facto de existirem vários métodos de processamento de imagens que não permitem a utilização de imagens SAR de banda única.

Deve ser utilizada uma área de estudo de âmbito mais reduzido para obter uma visão mais próxima da imagem de satélite, a fim de processar uma parte mais pequena mas com uma visão mais ampla. Combinação do TerraSAR-X com um dado diferente, ou combinação do RadarSat com outro tipo de dados, a fim de encontrar as diferenças na sua combinação com outros tipos de dados e avaliação das eficiências. A utilização da fusão de imagens ao nível das caraterísticas para os mesmos conjuntos de dados, o que também pode determinar a flexibilidade dos dados nos diferentes tipos de técnicas de fusão de imagens.

REFERÊNCIAS

Abdi, H. e Williams, L.J.(2010). Principal component analysis, *Wiley Interdisciplinary Reviews: Computational Statistics,* vol. 2, no. 4, pp. 433-459.

Angiuli, E. e Trianni, G. (2013). Mapeamento urbano em imagens Landsat baseado no vetor espetral de diferença normalizada.

Anh, T.T. e D. Nguyen (2009) Monitorização de inundações utilizando imagens ALOS/PALSAR. In *Proceedings of 7th FIG", Regional Conference on Spatial Data Serving People: Land Governance and Environment- Building the Capacity".*

Auynirundronkool, K., Chen, N., Peng, C., Yang, C., Gong, J., e Silapathong, C. (2012). Deteção de inundações e mapeamento da planície central da Tailândia usando RADARSAT e MODIS em um ambiente de sensor web. *Revista Internacional de Observação da Terra Aplicada e Geoinformação, 14*(1), 245-255.

Ayobami, A.S. e Rabi'u, S. (2012), "SMS as a Rural Disaster Notification System in Malaysia: A Feasibility Study", *Actas da 3.ª Conferência Internacional sobre Comunicação e Media (i-COME), Penang, Malásia.*

Baumann, M., Ozdogan, M., Kuemmerle, T., Wendland, K. J., Esipova, E., e Radeloff, V. C. (2012).Utilização do registo Landsat para detetar alterações no coberto florestal durante e após o colapso da União Soviética na zona temperada da Rússia Europeia. *Sensoriamento Remoto do Meio Ambiente, 124,* 174-184.

Bechtel, B. (2011). Multitemporal Landsat data for urban heat island assessment and classification of local climate zones", *Urban Remote Sensing Event (JURSE), 2011 Joint* IEEE, pp. 129.

Brivio, P., Colombo, R., Maggi, M. e Tomasoni, R.(2002). Integration of remote sensing data and GIS for accurate mapping of flooded areas", *International Journal of Remote Sensing,* vol. 23, no. 3, pp. 429-441.

Bustami, R., Bong, C., Mah, D., Hamzah, A. e Patrick, M. (2009).Modelação de estruturas de mitigação de cheias para a sub-bacia do rio Sarawak utilizando o InfoWorks River

Simulação (RS). *Academia Mundial de Ciências, Engenharia e Tecnologia,* pp. 14-18.

Chan,N.W., (2009). Efeitos socioeconómicos das perdas por inundação sofridas por propriedades residenciais e comerciais devido ao tsunami do Oceano Índico de 2004 no norte da Malásia peninsular. *Workshop sobre Tsunamis no Mar da China*

Meridional 3, 3-5 de novembro de 2009, Universiti Sains Malaysia, Penang.

Chan, N.W. (2012a). Impacts of Disasters and Disasters Risk Management in Malaysia: The Case of Floods".

Chan, N.W. (2012b). Managing urban rivers and water quality in Malaysia for sustainable waterresources", *International Journal of Water Resources Development,* vol. 28, no.2, pp. 343-354.

Chini, M., Pulvirenti, L. andPierdicca, N. (2012). Analysis and interpretation of the COSMO-SkyMed observations of the 2011 Japan tsunami", *Geoscience and Remote SensingLetters,IEEE,* vol. 9,no.3, pp. 467-471.

Choodarathnakara, A., Kumar, T.A., Koliwad, D.S. e Patil, C. (2012).Mixed Pixels: A Challenge in Remote Sensing Data Classification for Improving Performance, *International Journal of Advanced Research in Computer Engineering & Technology (IJARCET),* vol. 1, no. 9, pp. pp. pp: 261-271.

Dahiya, S., Garg, P.K. and Jat, M.K. (2013).A comparative study of various pixelbased image fusion techniques as applied to an urban environment", *International Journal of Image and Data Fusion,* vol. 4, no. 3,pp. 197-213.

Dano Umar, L., Matori, A.N., Hashim, A.M., Chandio, I.A., Sabri, S., Balogun, A.L. e Abba, H.A.(2011). Geographic information system and remote sensing applications in flood hazards management: a review", *Research Journal of Applied Sciences, Engineering and Technology,* vol.3, no. 9, pp. 933-947.

Dano Umar, L., Matori, A.N., Wan Yusof, K. e Balogun, A. (2013).Análise do modelo de extração da extensão das cheias e dos factores de influência das cheias naturais: A GIS-based and Remote Sensing Analysis.

De Moel, H., Van Alphen, J. e Aerts, J. (2009). Flood maps in Europe - methods, availability and use", *Natural Hazards & Earth System Sciences,* vol.[1] 9, no. 2.

Demir, B., Minello, L. andBruzzone, L. (2013). Definição de conjuntos de treinamento eficazes para classificação supervisionada de imagens de sensoriamento remoto por um novo método de aprendizado ativo sensível ao custo.

DID Malásia (2011). Programa de irrigação por inundação.

Dong, J., Zhuang, D., Huang, Y. e Fu, J. (2009).Advances in multi-sensor data fusion: algorithms and applications. *Sensors,* vol. 9, no. 10, pp. 7771-7784.

Ehlers, M., Klonus, S., Johan Astrand, P. e Rosso, P.(2010). Fusão de imagens multisensor para pansharpening em deteção remota. *International Journal of Image and Data Fusion,* vol. 1,no. 1,pp. 25-45.

Fitri, A., Hasan, Z.A. andGhani, A.A. (2011).Determinação da eficácia do lago Harapan como lago de retenção de cheias no esforço de mitigação de cheias. *Actas da 4ª Conferência Internacional de 2011 sobre Ciências do Ambiente e da Computação (ICECS 2011).*

Gamba, P., Lisini, G., Liu,P., Du, P. e Lin, H. (2012). Deteção e discriminação de zonas climáticas urbanas utilizando a análise baseada em objectos de cenas VHR, *Actas do 4th GEOBIA,* ,pp. 7-9.

Gamba, P. (2013).Image and data fusion in remote sensing of urban areas: status issues and research trends", *International Journal of Image and Data Fusion,* no. ahead-of-print, pp.1-11.

Ge, Y., Bai, H., Wang, J. e Cao, F. (2012). Assessing the quality of training data in the supervised classification of remotely sensed imagery: a correlation analysis, *Journal of Spatial Science,* vol. 57, no. 2, pp. 135-152

Ghani, A.A., Zakaria, N. e Falconer, R. (2009).Editorial: River modelling and flood mitigation; Malaysian perspectives. *Actas do ICE-Water Management,* vol. 162, n.º 1, pp. 1-2.

Ghani, A.A., Ali, R., Zakaria, N.A., Hasan, Z.A., Chang, C.K. e Ahmad, M.S.S. (2010). Um estudo de alteração temporal do sistema do rio Muda ao longo de 22 anos. *Inti. J. River Basin Management,* vol. 8, no.1,pp. 25-37.

Ghani, A.A., Chang, C.K., Leow, C.S. & Zakaria, N.A. (2012). Mapeamento digital de inundações de Sungai Pahang: inundação de 2007. *International Journal of River Basin Management,* vol. 10, no. 2, pp.139-148.

Giustarini, L., Hostache, R., Matgen, P., Schumann, G., Bates, P.D. e Mason, D.C. (2013). Uma abordagem de deteção de mudanças para mapeamento de inundações em áreas urbanas usando TerraSAR-X, *Geoscienceand Remote Sensing, IEEE Transactions on,*vol. 51, no. 4, pp. 2417-2430.

Gleich, D., Kseneman, M.andDatcu,M. (2010).Despeckling de dados TerraSAR-X usando wavelets de segunda geração. *Geoscience and Remote Sensing Letters, IEEE,* vol. 7,no. 1, pp. 68-72.

Huang, S., Potter, C., Crabtree, R.L., Hager, S. e Gross, P. (2010). Fusing optical and radar data to estimate sagebrush, herbaceous, and bare ground cover in Yellowstone.

Remote Sensing of Environment, vol. 114, no. 2, pp. 251-264.

Hu, J., e Ji, M. (2011, junho). Fusão de imagens ALOS e QuickBird para análise de mangais - um estudo de caso no estuário de Beilun, Vietname. Em *Geoinformatics, 2011 19th International Conference on* (pp. 1-5). lEEE.ss

Khan, S.I., Hong, Y., Wang, J., Yilmaz, K.K., Gourley, J.J., Adler, R.F., Brakenridge, G.R.,Policell, F., Habib, S. eIrwin, D. (2011). Deteção remota por satélite e modelação hidrológica para mapeamento de inundações na Bacia do Lago Vitória: Implicações para a previsão hidrológica em bacias não cobertas. *Geoscience and Remote Sensing, IEEE Transactions on,* vol. 49, no. 1,pp. 85-95.

Klonus, S., e Ehlers, M. (2009, julho). Desempenho dos métodos de avaliação na fusão de imagens. Em *Information Fusion, 2009. FUSION'09. 12ªConferência Internacional sobre* (pp. 1409-1416). IEEE.

Kumar, U., Mukhopadhyay, C., & Ramachandra, T. V. (2009). Fusão baseada em pixels utilizando imagens IKONOS. *Revista Internacional de Tendências Recentes em Engenharia, 7*(1), 173-175.

Lawal, D.U., Matori, A.N., Hashim, A.M., Wan Yusof, K. e Chandio, I.A. 2012, "Detecting Flood Susceptible Areas Using GIS-based Analytic Hierarchy Process.

Leow, C., Abdullah, R., Zakaria, N., Ghani, A.A. e Chang, C. (2009). Modelação de bacias hidrográficas urbanas: um estudo de caso na Malásia. *Proceedings of the ICE-Water Management,* vol. 162, no. 1,pp. 25-34.

Liew, Y., Selamat, Z., Ab. Ghani, A. e Zakaria, N. (2012). Performance of a dry detention pond: case study of Kota Damansara, Selangor, Malaysia",*Urban Water Journal,* vol. 9, no. 2, pp.129-136.

Lu, Z., Dzurisin, D., Jung, H., Zhang, J. eZhang, Y. (2010), "Radar image and data fusion for natural hazards characterisation", *International Journal of Image and Data Fusion,* vol.no. 3,pp. 217-242

Pal, M., eFoody, G. M. (2012). Avaliação de SVM, RVM e SMLR para classificação precisa de imagens com dados de solo limitados. *Selected Topics in Applied Earth Observations and Remote Sensing, IEEE Journal of,* 5(5), 1344-1355.

Palubinskas, G., Reinartz,P. e Bamler, R. (2010). Image acquisition geometry analysis for the fusion of optical and radar remote sensing data", *International Journal of Image and Data Fusion,* vol. 1, no.3,pp. 271-282.

Pradhan, B. (2010). Flood susceptible mapping and risk area delineation using logistic regression, GIS and remote sensing", *Journal of Spatial Hydrology,* vol. 9,no.2.

Prishchepov, A. V., Müller, D., Dubinin, M., Baumann, M., e Radeloff, V. C. (2013). Determinantes do abandono de terras agrícolas na Rússia europeia pós-soviética. *Land Use Policy, 30(1),* 873-884.

Riyahi, R., Kleinn, C., e Fuchs, H. (2009, julho). Comparação de diferentes técnicas de fusão de imagens para identificação de copas de árvores individuais usando imagens QuickBird. Nos *procedimentos do ISPRS Hannover Workshop.*

Rokni, K., Ahmad, A., Selamat, A., e Hazini, S. (2014). Extração de recursos hídricos e deteção de mudanças usando imagens multitemporais de Landsat, *Sensoriamento Remoto, 6* (5), 4173-4189.

Schumann, G., Bates, P.D., Horritt, M.S.,Matgen, P.e Pappenberger, F. (2009), "Progress in integration of remote sensing-derived flood extent and stage data and hydraulic models", *Reviews of Geophysics,* vol. 47, no. 4.

Senthilkumaran, N. & Rajesh, R. (2009). Edge detection techniques for image segmentation-a survey of soft computing approaches", *International Journal of Recent Trends in Engineering,* vol. 1, no. 2,pp. 250-254.

Sulebak, J. R. (2009). Aplicações de Modelos Digitais de Elevação. Departamento de Tecnologias de Informação Geográfica. *SINTEF Matemática Aplicada.*

Svab, A., e Ostir, K. (2006). Fusão de imagens de alta resolução: métodos para preservar a resolução espetral e espacial. *Photogrammetric Engineering & Remote Sensing, 72(5),* 565-572.

Toriman, M.E., Hassan, A.J., Gazim, M.B., Mokhtar, M., Mastura, S.S., Jaafar, O., Karim, O. e Aziz, N.A.A. (2009a). Integração do modelo hidrodinâmico 1-D e da abordagem Gis no estudo de gestão de cheias na Malásia. *Research Journal of Earth Sciences,* vol. 1, no.1, pp. 22-27. 22-27.

Toriman, M.E., Kamarudin, M.K.A., Idris, M.H., Jamil, N.R., Gazim, M.B. e Aziz, N.A.A. (2009c). Sediment concentration and load analyses at Chini river, Pekan, Pahang Malaysia", *Research Journal of Earth Sciences,* vol. 1,no.2, pp.43-50.

Varikoden, H., Preethi, B., Samah, A. e Babu, C. (2011). Variação sazonal das caraterísticas da precipitação em diferentes classes de intensidade na Malásia Peninsular. *Journal of Hydrology,* vol. 404, no. 1,pp. 99-108.

Walker W.S., Stickler C.M., Kellndorfer, J.M., Kirsch, K.M. e Nepstad, D.C. (2010). Large-area classification and mapping of forest and land cover in the Brazilian

Amazon: a comparative analysis of ALOS/PALSAR and Landsat data sources",*Selected Topicsin Applied Earth Observations and Remote Sensing, IEEE Journal of,*vol. 3, no. 4,pp. 594-604.

Wood, F. (2009). Análise de componentes principais.

Zhang, J. (2010). Fusão de dados de deteção remota de múltiplas fontes: estado e tendências. *International Journal of Image and Data Fusion, vol.* 1, no.1, pp. 5-24.*'33,000 in Shelters: A situação das inundações é muito má em Kedah e precária em Perlis'2010, Floods: Perak Sends Clean Water Supply to Kedah, Perlis, Bernama* (2010a), Acedido em 15 de abril[th] 2014

I want morebooks!

Buy your books fast and straightforward online - at one of world's fastest growing online book stores! Environmentally sound due to Print-on-Demand technologies.

Buy your books online at
www.morebooks.shop

Compre os seus livros mais rápido e diretamente na internet, em uma das livrarias on-line com o maior crescimento no mundo! Produção que protege o meio ambiente através das tecnologias de impressão sob demanda.

Compre os seus livros on-line em
www.morebooks.shop

Printed by Books on Demand GmbH, Norderstedt / Germany